Handbuch
FEUERWEHR-AUTOS

Handbuch
Feuerwehr-
autos

Autor und Verlag bedanken sich bei folgenden
Personen und Firmen, die Fotos zur Verfügung
gestellt haben:
Bachert, BAI, Dirk Biemer (Sammlung), Daimler-Chrysler,
dpa, Emergency One Inc., Iveco-Magirus, Laus Lamm,
Liebherr, Thomas Lunte, MAN, Metz, Manfred
Nonnenbroich, Louis, Rabet, Rosenbauer, Saval-
Kronenburg, Norbert Schmitt, Liucijus Suslavicius,
Suslavicius (Sammlung), Keith Wardell, Dirk Wieczorek,
Dirk Wieczorek (Sammlung), Ziegler

© KOMET Verlag GmbH, Köln
Autor: Udo Paulitz
Titelabbildungen:
mauritius images/imagebroker (oben),
picture-alliance/chromorange (unten)
Gesamtherstellung: KOMET Verlag GmbH, Köln
Alle Rechte vorbehalten
ISBN 978-3-89836-911-4
www.komet-verlag.de

INHALT

EINLEITUNG

Feuerwehrfahrzeuge sind zur Bewältigung der überaus vielfältigen Aufgaben und Anforderungen aus unserer modernen und technisierten Gesellschaft nicht mehr wegzudenken. Wo immer in aller Welt Unglücksfälle geschehen, Menschenleben, Umwelt und Sachwerte in Gefahr geraten, wird die Feuerwehr zu Hilfe gerufen. Im Mittelpunkt des Interesses standen beim Publikum schon seit jeher die von den Wehren eingesetzten Fahrzeuge. Dies allein schon durch ihre auffälligen Lackierungen, Warnleuchten und akustischen Signale. Betrachtet man heute den in allen Bereichen fast unvorstellbar hohen Grad der technischen Vollkommenheit der Ausrüstung und die über modernste Elektronik, Computertechnik und jede Menge Motorleistung verfügenden Fahrzeugmodelle, so kann man sich die Welt ohne moderne Feuerwehrfahrzeuge kaum noch vorstellen. Das war aber nicht immer so, und die Zeit, wo der Feuerwehrmann bei der Brandbekämpfung ohne diese technischen Hilfsmittel allein auf sich selbst und auf die Muskelkraft von Pferden angewiesen war, liegt noch gar nicht einmal so lange zurück.

Die Frühgeschichte des Feuerlöschwesens

Vom Mittelalter bis ins 19. Jahrhundert hinein bedeutete der Alarmruf „Feurio" nur allzu oft eine Katastrophe für Hunderte von Menschen, für ganze Dörfer und Städte. Denn Ledereimer, Handdruckspritzen, Feuerpatschen, Einreißhaken und tragbare Leitern waren bis dahin nahezu die einzigen Hilfsmittel, mit denen dem Feuer zu Leibe gerückt werden konnte. Schnell gebildete Eimerketten gehörten zu den verbreiteten, aber nicht sehr effektvollen Methoden, Wasser zur Brandstelle zu befördern. Eine Handdruckspritze, das damals leistungsfähigste Feuerlöschgerät, erforderte ungefähr 16 bis 24 Mann Bedienungs- und Ablösepersonal und war trotz dieses enormen Aufwands nur in der Lage, kaum mehr als 150 bis 300 Liter Wasser pro Minute zu fördern.

Daher waren den Löschmöglichkeiten sehr enge Grenzen gesetzt, so dass selbst kleinere Brände oftmals nicht gelöscht werden konnten und die Löschmannschaften oft genug vergebens gegen die Feuersbrünste ankämpfen mussten. Das war in den mittelalterlichen Städten Europas nicht anders als in den schnell aufstrebenden Siedlungen an Amerikas Ostküste.

Feuerwehrleute in London-Greenwich posieren während einer Übung mit ihren ausfahrbaren Leitern (aufgenommen um 1880).

Sowohl diesseits als auch jenseits des Atlantiks war die Organisation des Brandschutzes damals noch mangelhaft. Da sich hierfür niemand so recht zuständig fühlte, blieben die Löscharbeiten oft genug dem guten Willen der herbeieilenden Anwohner und Passanten überlassen. Einem größeren Feuer waren Organisation, Technik und Taktik der Brandbekämpfung jener Zeit in der Regel nicht gewachsen. Erst die Bildung von freiwilligen Feuerwehren in der zweiten Hälfte des 19. Jahrhunderts, zu deren Organisation in Deutschland vor allem Carl Metz und Conrad Dietrich Magirus entscheidend beitrugen, schufen hier Abhilfe.

Nach ersten, bereits im Jahr 1717 in Boston unternommenen Versuchen wurde in Philadelphia am 7. Dezember 1736 die erste „Union Fire Company" unter Führung von Benjamin Franklin gegründet. Diese wurde zum Vorbild für weitere Gründungen, und im Revolutionsjahr 1776 gab es in dem 40 000 Einwohner zählenden Philadelphia nicht weniger als 22 „fire companies". Diese „volunteers" standen jahrzehntelang in hohem gesellschaftlichem Ansehen. Mit dem Aufkommen der technisch aufwendigeren, aber ungleich leistungsfähigeren Dampfspritzen wurde der Ruf nach berufsmäßigen Feuerwehren immer lauter. Die erste Berufsfeuerwehr Amerikas entstand am 10. März 1853, als in Cincinnati eine bezahlte Feuerwehrmannschaft von der Stadtverwaltung eingestellt wurde.

Fortschritte durch die Dampfspritze

In technischer Hinsicht eröffnete erst das Dampfzeitalter seit Anfang des 19. Jahrhunderts neue Perspektiven. Mit Hilfe der von James Watt im Jahr 1770 entwickelten Dampfmaschine konnte menschliche und tierische Arbeitsleistung erfolgreich durch Maschinenkraft ersetzt werden. Eines der vielen neuen Anwendungsgebiete der Dampfkraft war das Betreiben Wasser fördernder Löschgeräte. 1828 entwickelte der schwedische Ingenieur John Ericsson die erste Dampfmaschine, mit

Eine von zwei Pferden gezogene Dampfspritze aus dem Jahr 1906 bei einer Fahrzeugparade durch die Münchner Innenstadt.

der eine Feuerlöschpumpe angetrieben werden konnte. Die renommierte Maschinenfabrik John Braithwaite in London baute nach diesem System die erste Dampffeuerspritze, die auch erfolgreich bei einem Großfeuer eingesetzt werden konnte. Vom Anheizen bis zur Dampferzeugung vergingen 13 Minuten, und wenn sie einmal arbeitete, konnte man etwa 680 Liter Löschwasser pro Minute in einem 27 Meter hohen Strahl austreten lassen – und das stundenlang!

In den Vereinigten Staaten war es der aus England eingewanderte Ingenieur Paul Rapsey Hodge, der im Jahr 1840 die erste selbst fahrende Dampffeuerspritze Amerikas baute. Dieses sieben Tonnen schwere Gerät war mit einer Förderleistung von etwa 800 Liter Wasser pro Minute zwar richtungweisend, aber für den praktischen Einsatz viel zu schwer und unhandlich, um damit erfolgreich operieren zu können. Auch die Preußische Regierung in Berlin gehörte im Jahr 1832 zu den ersten Beziehern einer Dampffeuerspritze aus England, mit der der Brandschutz des königlichen Schlosses erhöht werden sollte. Trotzdem dauerte es in Deutschland noch bis weit in die 1870er Jahre, bevor bei den meisten Berufsfeuerwehren Dampfspritzen in größerem Umfang in Dienst gestellt worden waren.

Die erste feuerwehrtaugliche Dampfspritze Amerikas entstand im Jahr 1853 durch die Lokomotivfabrikanten Latta und Shawk in Cincinnati. Trotz ihres hohen Gewichts von fast zehn Tonnen konnte die „steam fire engine" im Einsatz derart überzeugen, dass sie umgehend von den Stadtvätern erworben wurde. Dieses Fahrzeug stand am Anfang der allein über 5000 bis 1917 für amerikanische Feuerwehren gefertigten Dampfspritzen. Es kam zu einer Massenfabrikation, dessen Markt sich anfänglich etwa fünf große und eine Vielzahl kleiner und kleinster Hersteller teilten.

Deutschlands erste Dampfspritze wurde im Jahr 1863 von Georg Egestorff, einem Maschinenfabrikanten in Linden bei Hannover, gebaut. Die letzte wurde von Magirus im Jahr 1914

Diese im Jahr 1914 von der Firma Busch im ostsächsischen Bautzen gebaute mobile Dampfspritze ist die letzte in Deutschland erhalten gebliebene Spritze dieser Art (aufgenommen in der Technischen Sammlung der Stadt Dresden).

ausgeliefert. Bis nach der Jahrhundertwende stellte die überwiegend von Pferden gezogene Dampfspritze das typische Feuerwehrfahrzeug der städtischen Feuerwehren in Deutschland dar. Anschaffungspreis und Bedienungsaufwand waren aber so hoch, dass sie nur für größere Wehren, die auch ausgebildete Maschinisten stellen konnten, in Betracht kam. Kleinere Gemeinden waren daher weiterhin auf Handdruckspritzen angewiesen.

Der Dampfkessel einer Feuerspritze musste ständig in Aktionsbereitschaft gehalten werden, um im Einsatzfall sofort ausrücken und an der Brandstelle Wasser geben zu können. Die Feuerstellen unter den Kesseln enthielten Petroleum, das beim Ausrücken in Brand gesetzt wurde. Später pflegte man das Wasser im Kessel durch Gasheizringe vorzuwärmen, um möglichst schnell Dampf erzeugen zu können. Von der Sorgfalt des verantwortlichen Maschinisten hing es sehr stark ab, ob sich ein Löscheinsatz erfolgreich gestaltete. Die mit Kolbenpumpen von bis zu 2000 Liter Wasser pro Minute Förderleistung ausgestatteten Dampfspritzen waren nahezu unverwüstlich und nahmen im Lauf der Zeit eine immer vollkommenere Gestalt an. Hingegen gab es selbst fahrende Dampfspritzen in Deutschland nur wenige, da sie zu aufwendig waren – sie benötigten zwei getrennt arbeitende Dampfmaschinen zum Fahren und zum Pumpen. Die erste deutsche automobile Dampfspritze entstand im Jahr 1901 durch die Firma Busch in Bautzen für die Berufsfeuerwehr Hannover.

Der Verbrennungsmotor setzt sich durch

Um die Jahrhundertwende kannte man neben der Dampfkraft den Elektroantrieb sowie die ersten Verbrennungsmotoren. Bereits 1885 hatte Gottlieb Daimler einen Verbrennungsmotor entwickelt und mit Erfolg erprobt. Im Juli 1888 präsentierte er die erste Benzinmotorspritze der Welt, deren Einzylindermotor etwa ein PS erzeugen konnte. 1901 erreichte man mit einer von Magirus hergestellten Spritze bereits 12 PS und eine Förderleistung von 850 Liter pro Minute. Nur 17 Sekunden benötigte die bequem von einem Mann zu bedienende Pumpe bis zu ihrer Betriebsbereitschaft. Damit war aber die Frage des Fahrzeugantriebs nicht gelöst. Der eigentliche Grund, weshalb die Feuerwehren eine maschinelle Antriebskraft als Ersatz für die Pferde zu suchen begannen, lag gar nicht einmal so sehr in der zu geringen Geschwindigkeit der Gespanne. Ausschlaggebend war vielmehr der durch den Ausbau der Berufsfeuerwehren rasch wachsende Pferdebestand und die dadurch in astronomische Höhen empor schnellenden Betriebskosten. Denn die Tiere mussten täglich gefüttert werden, während ein Motorfahrzeug im Grunde genommen nur dann vergleichbare Kosten verursachte, wenn es sich im Einsatz befand. Weitere Probleme wie Erkrankungen der Pferde, die Übertragungsgefahr von Krankheiten auf die Wehrmänner sowie Geruchs- und Lärmbelästigungen in den Feuerwachen zeigten, dass die Pferdehaltung nicht mehr zeitgemäß war.
Noch während der Blütezeit der Dampfmaschine befassten sich einige Firmen mit batterie-elektrischen Motoren zum

Betrieb von Lastwagen. Dieses Antriebsverfahren hatte schon bald eine hohe Betriebssicherheit erreicht. Wiederum war es die damals unter der Leitung des Branddirektors Maximilian Reichel stehende Berufsfeuerwehr Hannover, die im Jahr 1902 den weltweit ersten, aus drei Fahrzeugen bestehenden Automobil-Löschzug mit diesem Antriebssystem ausrüsten ließ. Bis zum Beginn des Ersten Weltkriegs setzte die überwiegende Zahl der Feuerwehren der größeren Städte auf den Elektromotor als Antriebsquelle für Fahrzeuge. Hauptsächlich deshalb, weil dieser als weitaus betriebssicherer als die damaligen Verbrennungsmotoren eingestuft wurde.

Neben dem batterie-elektrischen Antriebssystem gab es noch den Benzin-Elektro-Antrieb, auch Mixt-Antrieb genannt. Bei diesem trieb ein Benzinmotor einen Generator an, dessen Strom die in den Radnaben befindlichen Elektromotoren speiste. Dieser Verbundantrieb war sehr beliebt und zuverlässig, denn mit ihm konnten auch Pumpen und bei den Drehleitern der Leiterantrieb versorgt werden, was bei Batteriefahrzeugen nur durch zusätzlich installierte Aggregate möglich war.

Erst als der Benzinmotor im zivilen Bereich seine Bewährungsprobe bestanden hatte, wurden auch die Feuerwehren von dieser Entwicklung mitgerissen, so dass der Benzinmotor langsam an Boden gewann. Bis gegen Ende der 1920er Jahre waren zumindest die Feuerwehren der größeren Städte voll motorisiert.

In den Vereinigten Staaten hat kein anderer Unternehmer aus der Frühzeit der Automobilgeschichte so viel zur Motorisierung der Feuerwehren beigetragen wie Henry Ford. Im Jahr 1908 brachte er das legendäre T-Modell heraus, ein äußerst anspruchsloses, zuverlässiges und überdies auch besonders preisgünstiges Fahrzeug, das nicht ohne Grund bis 1929 in der Fertigung blieb. Auch der nachfolgende Typ A konnte an diese Erfolge nahtlos anknüpfen. Allgemein zeichneten sich die amerikanischen Fahrzeuge durch eine im Ver-

Bei diesem Feuerwehrfahrzeug von Daimler-Benz aus dem Jahr 1920 wurden die Vollgummireifen bereits 1922 durch Luftreifen ersetzt (Aufnahme von 1957).

gleich zu Europa besonders hohe Leistung und sehr kräftig ausgebildete Fahrgestelle aus. Überhaupt wurde in Amerika erheblich schneller zur Einsatzstelle gefahren als auf dem Kontinent, wobei die Einsatzfahrten zu regelrechten Rennen ausarten konnten.

Das moderne Feuerwehrfahrzeug entsteht

Die in den folgenden Jahren entstandenen Fahrzeugkonstruktionen haben – obwohl in vielen Details verändert und technisch optimiert und in ihren Leistungen entscheidend gesteigert – im Prinzip auch heute noch Bestand. Vordergründig war die weitere Entwicklungsgeschichte der Feuerwehrfahrzeuge eng an die Fortentwicklung des Automobils – hier in erster Linie an die der Lastkraftwagen – gekoppelt. Denn in dem Maße, wie sich der technische Fortschritt beim allgemeinen Fahrzeugbau bemerkbar machte, hielt er auch bei

Mit historischen Löschfahrzeugen aus dem ganzen Land feierte die Stuttgarter Feuerwehr am 8. Juni 2002 ihren 150. Geburtstag auf dem Stuttgarter Schlossplatz, im Vordergrund ein Magirus aus dem Jahr 1922.

den Feuerwehrwagen Einzug. In Deutschland wurde seit Mitte der 1920er Jahre die Entwicklung kompressorloser Fahrzeug-Dieselmotoren für Nutzfahrzeuge entscheidend vorangetrieben. Ab etwa 1930 wurden immer weniger Lastwagen mit Benzinmotoren angeboten, da sich diese wegen der klar erwiesenen wirtschaftlichen Nachteile kaum noch verkaufen ließen. Die Feuerwehren standen dem wesentlich sparsameren Dieselmotor zunächst sehr skeptisch gegenüber, mussten sich aber bald der Entwicklung anpassen, da sich die Zahl der angebotenen Fahrgestelle mit Vergasermotoren stetig verringerte. Während der Einbau von Dieselmotoren in Deutschland ab 1935 gesetzlich angeordnet wurde, ignorierte man aufgrund der jenseits des Atlantiks reichlich vorhandenen Ölvorkommen diese Entwicklung noch lange Zeit. Im Gegenteil – man baute immer größere Vergasermotoren, um für die immer stärkeren Feuerlöschpumpen genügend Leistung zur Verfügung zu haben. Dies war bei der hohen

Bebauung in den Großstädten auch erforderlich. Während immerhin bereits 1939 das erste Löschfahrzeug mit Dieselmotor an eine amerikanische Feuerwehr geliefert wurde, dauerte es bei der New Yorker Feuerwehr bis zum Jahr 1962, bevor sie das erste mit Diesel betriebene Feuerwehrfahrzeug in Dienst stellte.

Bis Mitte der 1920er Jahre kam bei den Löschfahrzeugen und Automobilspritzen weltweit eine weitgehend einheitliche Bauform zum Tragen. Die völlig offenen Fahrzeuge besaßen für die Mannschaft in Längsrichtung angeordnete Sitzbänke mit durchweg hoher Schwerpunktlage, die bei schnellen Alarmfahrten besonders unfallträchtig waren. Über ihren Köpfen befanden sich Halterungen für Leitern, Einreißhaken und andere sperrige Gegenstände. Die Feuerlöschpumpe war am Fahrzeugheck angeordnet. Vielfach befanden sich Schlauchhaspeln seitlich am Fahrzeug, und unter den Trittbrettern waren Stauräume für Armaturen und andere Dinge angeordnet. Erst zu Beginn der 1930er Jahre fanden verstärkt geschlossene Fahrzeugaufbauten Eingang in die Bestände deutscher Wehren. Das letztlich ausschlaggebende Ereignis für diese Entwicklung war der extrem kalte Winter 1928/29 mit bis zu −30 °C. In den Vereinigten Staaten dauerte der Übergang zu geschlossenen Aufbauten wesentlich länger als in Europa. Auch die Geräte wurden nun überwiegend in kofferartigen Aufbauten gelagert. Damit hatten die Feuerwehrfahrzeuge zu einer Bauform gefunden, die sich bis heute wenig geändert hat.

Ein weiteres wichtiges Anliegen betraf die einheitliche Normung von Fahrzeugen und Ausrüstung. In der Vergangenheit hatte es immer wieder Probleme gegeben, wenn bei Großbränden die aus Nachbargemeinden zur Hilfe eilenden Löschkräfte entsetzt feststellen mussten, dass z. B. die Schlauchkupplungen unterschiedliche Maße aufwiesen, was Einsatz und Erfolg stark behinderte. Gegen Ende der 1930er Jahre aber konnten diese Probleme als überwunden bezeichnet werden. Die im Zweiten Weltkrieg erzwungene Typisierung und Reihenfertigung von Feuerwehrfahrzeugen bewirkte eine Vereinheitlichung in der Ausrüstung.

Neben Automobilspritzen, Drehleitern, Schlauch-, Mannschafts- und Tierrettungswagen entstanden in immer größerer Zahl Sonderfahrzeuge, die auf spezielle Verwendungszwecke zugeschnitten waren, denn die Feuerwehren wurden neben der Brandbekämpfung mehr und mehr auch mit technischen Hilfeleistungen und vielen anderen Aufgaben konfrontiert. Hilfeleistungen bei Verkehrsunfällen gehörten bei der rapiden Zunahme des Straßenverkehrs auch dazu, so dass schon recht frühzeitig Kran- und Bergefahrzeuge und Gerätewagen beschafft werden mussten. Aufgaben im Rahmen der schnell expandierenden Luftfahrt kamen ebenso hinzu.

Diese Entwicklungen haben sich bis heute verstärkt fortgesetzt, denn technische Einsätze, Hilfeleistungen, Einsätze im Rahmen des Umweltschutzes und vieles andere mehr überwiegen mittlerweile bei weitem die reine Brandbekämpfung.

Heute ist die Feuerwehr zu einem vielseitigen Helfer in der Not geworden.

Die Feuerwehren von heute

Die heutige Fahrzeuggeneration wird weltweit von einer Vielzahl leistungsfähiger Universal- und Spezialfahrzeuge geprägt. Bei diesen überwiegend PS-strotzenden Hochleistungsfahrzeugen sind die klassischen Haubenmodelle praktisch verschwunden. Vielmehr ist die äußere Form der Fahrzeuge von rein funktionellen Gestaltungsmerkmalen beeinflusst. Bei den Aufbauten haben sich nach oben hin öffnende Lamellenverschlüsse anstelle der bislang üblichen Klappen und Drehtüren allgemein durchgesetzt. Im Drehleiterbau kamen zu der schon lange eingesetzten Hydraulik-Elektronik aufwendige Computertechnik und Niedrigbauweise hinzu. Daneben entstand eine Reihe neuer Fahrzeugtypen, um den

Quint, American LaFrance Eagle, Baujahr 1999

schnell wachsenden Anforderungen und veränderten Einsatzbedingungen Rechnung zu tragen, so z. B. die Hilfeleistungs-Löschfahrzeuge (HLF), die eine zusätzliche Beladung für Hilfeleistungseinsätze mitführen, oder auch Wechselladerfahrzeuge, die je nach Einsatzzweck mit den unterschiedlichsten Abrollbehältern ausgerüstet werden können.

Das vorliegende Buch zeigt ein großes Spektrum von mehr als 225 in Farbe vorgestellten Feuerwehrfahrzeugen aus der ganzen Welt. Es ist eine bunte Mischung aus gepflegten Oldtimern und den neuesten aktuellen Modellen. In erster Linie handelt es sich um Fahrzeuge aus dem gesamteuropäischen Raum, aber auch aus Überseeregionen, hier vor allem aus den Vereinigten Staaten von Amerika. Der Autor dankt an dieser Stelle allen Firmen, Feuerwehren und Privatpersonen, die bei der Zusammenstellung dieses Werkes einen Beitrag geleistet haben.
Verlag und Autor wünschen Ihnen viel Spaß, Freude und Entspannung auf Ihrer Entdeckungsreise durch die faszinierende Welt der Feuerwehrfahrzeuge.

NORWEGEN

Dieses am nördlichsten Ende Europas gelegene Land ist bekannt für seine landschaftliche Schönheit mit seiner langen, felsig-kargen Küstenlinie und den tief eingeschnittenen Fjorden, riesigen Wäldern und unzugänglichen Moor- und Gebirgsregionen. Auf diese spezifischen Geländeverhältnisse, die langen, harten Winter und das nicht sehr dichte Straßennetz auf dem Lande hat auch die Beschaffenheit der Feuerwehrfahrzeuge Rücksicht zu nehmen.

Da es in Norwegen nur wenige größere Städte gibt, entwickelte sich das Feuerlöschwesen erst relativ spät. In den 1920er Jahren kamen zwar schon die ersten Motorfahrzeuge ins Land, das moderne Feuerlöschwesen selbst machte aber erst nach dem Zweiten Weltkrieg große Fortschritte. Bei der Beschaffung der Fahrzeuge legte man großen Wert auf Motorleistung, Löschwasservorrat und Pumpenleistung. Allradantrieb war und ist für die zahlreichen Einsätze außerhalb von Straßen und Wegen die Regel. Der große Renner waren dabei die dringend für die weiten Ödlandgebiete benötigten Tanklöschfahrzeuge. 1964 wurde das erste genormte TLF 16 eingeführt. Neben der klassischen Drehleiter ist in größeren Ortschaften aber auch die Gelenkmastbühne das für norwegische Feuerwehren eher typische Hubrettungsfahrzeug. Da die Feuerwehrgeräteindustrie nur wenig, eine eigene Automobil- und Nutzfahrzeugindustrie sogar überhaupt nicht vorhanden ist, müssen sämtliche Fahrgestelle importiert werden. Neben den schwedischen Marken Scania und Volvo befanden sich in der Vergangenheit zahlreiche Fahrzeuge aus US-amerikanischer Produktion im Einsatz. Westeuropäische Fahrzeugausrüster wie Metz und Magirus spielten schon seit jeher, besonders auf dem Drehleitersektor, eine große Rolle. Ein Teil der heimischen Fahrzeugaufbauten wird seit 1950 durch den Hersteller O.C.A. in Flekkefjord gedeckt. Dieses Unternehmen gehört seit Beginn der 1990er Jahre zur Rosenbauer-Gruppe.

Verwendungszweck:	*Löschfahrzeug*
Fahrgestelltyp:	*Pirsch*
Baujahr:	*1936*
Leistung der Pumpe:	*1900 l/min*
Löschwasservorrat:	*–*

Bei der Feuerwehr Stavanger (Stavanger Brannvesen) befindet sich dieses hervorragend restaurierte und voll betriebsfähige Löschfahrzeug der amerikanischen Marke Pirsch noch heute im Bestand. Das offen ausgeführte Fahrzeug war nach Vorbild des in den Vereinigten Staaten verbreiteten Pirsch Standard-Pumper-Modells 20 mit einer 500-Gallon-Mitteneinbaupumpe ausgerüstet. Obwohl es bereits im Jahr 1927 den ersten Pumper mit geschlossenem Fahrerhaus zu kaufen gab, sind Fahrer- und Mannschaftsraum offen und die Mannschaft Wind und Wetter preisgegeben, was für die harten klimatischen Verhältnisse dieses Landes nicht gerade ideal war.

 **Norwegen**

Verwendungszweck:	*Tanklöschfahrzeug*
Fahrgestelltyp:	*Scania 113 M 320*
Baujahr:	*1992*
Leistung der Pumpe:	*2400 l/min*
Löschwasservorrat:	*3000 l*

Ein Tanklöschfahrzeug auf einem Scania-Frontlenkerchassis beschaffte die Feuerwehr Stavanger als TLF 121. Diese Fahrzeuge lösten Zug um Zug die älteren Magirus-Frontlenker ab. Der Aufbau erfolgte durch die Rosenbauer Norge AS in Flekkefjord, welche seit einigen Jahren die Stelle des heimischen Herstellers O.C.A. eingenommen hat. Das Fahrzeug ist mit der serienmäßigen Fahrer- und Mannschaftskabine sowie mit einem Aufbau, der in jeweils drei mit Rollläden verschlossenen Geräteräumen pro Seite unterteilt ist, ausgebaut. Als Antriebsaggregat kommt ein Sechszylinder-Diesel mit 320 PS Leistung zur Verwendung. Neben dem Wasservorrat ist ein Tank für 300 l Schaumkonzentrat vorhanden. Anders als in Deutschland haben die norwegischen Feuerwehren die größtmögliche Freiheit bei Auswahl und Gestaltung ihrer Fahrzeuge und Geräte.

Verwendungszweck:	*Drehleiter mit Korb DLK 30*
Fahrgestelltyp:	*Scania P 93 M 280*
Baujahr:	*1993*
Leistung der Pumpe:	–
Löschwasservorrat:	–

1993 erhielt die Berufsfeuerwehr Oslo (Oslo Brannvesen) die unter der Fahrzeugnummer 13 eingereihte DLK 30 mit 30 m Auszugslänge von Magirus. Das Leiterpodium und den Geräteaufbau erstellte die schwedische Firma Sala Kaross. Der abnehmbare Rettungskorb war hinten rechts am Leiterstuhl positioniert. Weiter vorn befindet sich an diesem ein Notstromaggregat. Die Leiter kann gleichzeitig auch als Kran mit einer maximalen Hubkraft von 3 t verwendet werden. Dieser Scania-Frontlenker wird von einem 280 PS starken Sechszylinder-Diesel fortbewegt.

# SCHWEDEN

Ganz ähnlich wie bei den übrigen skandinavischen Staaten sind die Einsatzverhältnisse auch für die schwedischen Feuerwehren gelagert. Die Topografie dieses – abgesehen von den südlichen Landesteilen – relativ dünn besiedelten Staates ist geprägt von weiträumigen und zu-sammenhängenden Waldflächen. Besonders im Norden des Landes müssen Fahrzeuge und Ausrüstung den extremen Temperaturschwankungen jederzeit gewachsen sein. Aufgrund der vielfach nicht vorhandenen Löschwasserversorgung durch ein Hydrantennetz sind großvolumige Tanklöschfahrzeuge und Löschwasser-Zubringerfahrzeuge fast überall zu finden. Ebenso verhält es sich bei Rüstwagen, Hilfeleistungsfahrzeugen mit leistungsfähigen Lösch- und Bergeausrüstungen sowie geländefähigen Waldbrandlöschfahrzeugen. Die Löschfahrzeuge wiederum sind im Normalfall mit starken Normal- und Hochdruck-Feuerlöschpumpen ausgerüstet, die teilweise in Frontbauweise ausgeführt sind. Während bei den Einsatzfahrzeugen in den Großstädten der Hinterradantrieb überwiegt, ist auf dem Lande der Allradantrieb vorherrschend.

Schweden besitzt mit den Herstellern Volvo und Scania eine äußerst leistungsfähige und traditionsreiche Nutzfahrzeugindustrie. Auf diesen Fahrgestellen sind, sozusagen als Hausmarke, die meisten schwedischen Feuerwehrfahrzeuge aufgebaut. Beide Unternehmen sind extrem exportorientiert und konnten in den letzten 30 Jahren gegen eine harte Konkurrenz rund um den Globus zunehmend neue Märkte für ihre Lastkraftwagen erschließen. Nicht nur die schweren Fernlastzüge sind auf den Straßen rund um den Erdball ein gewohnter Anblick. Auch auf dem Feuerwehrsektor sind beide Unternehmen – hier vor allem als Fahrgestelllieferant für Sonderfahrzeuge – sehr aktiv. Dabei ist es besonders Scania gelungen, seinen Marktanteil als weltweiter Lieferant von Feuerwehrfahrzeugen beständig auszubauen. Daneben sind bei den schwedischen Feuerwehren aber auch deutsche Firmen wie Metz und Magirus mit Drehleitern oder Mercedes-Benz mit Fahrgestellen für zahlreiche Sonderaufbauten anzutreffen.

Verwendungszweck:	*Wasserzubringerfahrzeug*
Fahrgestelltyp:	*Volvo N 88*
Baujahr:	*1969*
Leistung der Pumpe:	*2000 l/min*
Löschwasservorrat:	*10 000 l*

Auf einem klassischen Volvo-Haubenfahrgestell aufgebaut war dieser dreiachsige frühere Benzintankwagen, den sich die Feuerwehr Tomelilla (Tomelilla Räddningstjänsten) in Eigenleistung zu einem Wasserzubringerfahrzeug umgestaltete. Zu diesem Zweck wurde das Fahrzeug mit einer für schwedische Fahrzeuge so typischen, leistungsfähigen Vorbaupumpe bestückt. Das Volvo-Fahrgestell war mit einem Sechszylinder-Diesel mit 9600 ccm Hubraum und 200 PS Motorleistung bestückt.

Verwendungszweck:	*Großtanklöschfahrzeug GTLF 10*
Fahrgestelltyp:	*Scania LB 81 (6 x 2)*
Baujahr:	*1980*
Leistung der Pumpe:	*2000 l/min*
Löschwasservorrat:	*10 000 l*

Auf ein dreiachsiges Scania-Frontlenkerfahrgestell errichtet wurde dieses Großtanklöschfahrzeug mit der Ordnungsnummer 105 der Feuerwehr Örebro (Örebro Brandförsvar). Das Tanklöschfahrzeug mit Sechszylinder-Diesel mit 205 PS Motorleistung verfügt über eine Ruberg-Vorbaupumpe. Mit Hilfe des Wendestrahlrohrs kann das Fahrzeug eigenständige Löschangriffe durchführen. Ein Arbeitsstellenscheinwerfer erleichtert diese Tätigkeit bei Nacht und schlechten Beleuchtungsverhältnissen.

Verwendungszweck:	*Drehleiter mit Korb DLK 30*
Fahrgestelltyp:	*Scania L 81*
Baujahr:	*1976*
Leistung der Pumpe:	–
Löschwasservorrat:	–

Diese von Metz aufgebaute und mit einer Kraneinrichtung ausgerüstete Drehleiter mit Korb DLK 30 gehörte zu einer ganzen Reihe von Fahrzeugen, die an schwedische Feuerwehren geliefert wurden. Die 1976 an die Trollhättan Räddningstjänsten gelieferte Drehleiter verfügte über Waagrecht-Senkrecht-Abstützung und wurde auf einem Scania-L-81-Haubenfahrgestell errichtet. Den Fahrzeugantrieb besorgt ein Sechszylinder-Diesel mit 155 PS. Die Leiter kann auch als Kran verwendet werden.

 DÄNEMARK

Dänemarks Feuerwehrorganisation ist dem Justizministerium unterstellt. Die Städte und Gemeinden haben dabei die Wahl, entweder eine eigene kommunale Feuerwehr aufzustellen, einen Vertrag mit einer feuerwehrtechnisch gut ausgerüsteten Nachbargemeinde, einer freiwilligen Feuerwehr, einem Korps der Zivilverteidigung oder mit einer privaten Lösch- und Rettungsorganisation abzuschließen. Eine derartige Privatorganisation stellt das bereits 1906 gegründete Falck-Rettungskorps dar, das heute in Hunderten Gemeinden und Städten den Brandschutzdienst, Rettungs- und Krankentransport sowie sonstige Hilfeleistungen technischer Art wie Abschleppdienst und Pannenhilfe übernommen hat. Dabei steht Falck & Zonen nicht in Konkurrenz zu den Feuerwehren, sondern stellt eine sinnvolle Ergänzung der Gesamtorganisation dar.

Die Fahrzeuge selbst sind weitgehend genormt und entsprechen dabei in vielen Details den in Deutschland üblichen Modellen. Neben Tanklöschfahrzeugen, Löschfahrzeugen und Drehleitern sind auch hier Tankwagen als Zubringerfahrzeuge zur Löschwasserversorgung zu finden. Bis zum Beginn des Zweiten Weltkriegs gab es den kleinen Nutzfahrzeughersteller Triangel in Roskilde, auf dessen Fahrgestellen der eine oder andere dänische Feuerwehrwagen errichtet wurde. Nach Kriegsende nahm das Unternehmen die Produktion aber nicht mehr auf. Da Dänemark seither keine eigene Automobilindustrie mehr besitzt, ist man auf Fremdfahrgestelle angewiesen. Heute werden hauptsächlich deutsche Fahrgestelle wie Mercedes-Benz, MAN, Magirus und Volkswagen, in erheblichem Umfang aber auch die schwedischen Fabrikate Scania und Volvo zum Aufbau von Feuerwehrfahrzeugen verwendet. Bis in die 1960er Jahre, teilweise aber auch länger, befanden sich englische und amerikanische Fabrikate wie Bedford, Commer, Dodge, International Harvester und Chevrolet bei dänischen Wehren in Gebrauch. Neben der Firma Nielsen war in diesem Land die Firma Meisner-Jensen der einzige Feuerwehrausrüster und -aufbauhersteller von Bedeutung.

Verwendungszweck:	*Drehleiter DL 25 m*
Fahrgestelltyp:	*Bedford OLB*
Baujahr:	*1951*
Leistung der Pumpe:	–
Löschwasservorrat:	–

Diese auf einem Bedford 3-t-Fahrgestell errichtete Magirus DL 25 stand noch vor nicht allzu langer Zeit beim Falck Redningskorps in Esbjerg als Reserveleiter zur Verfügung. Die vierteilige mechanische Magirus-Leiter ist noch im alten Leiterprofil mit senkrechten Streben ausgeführt. Sie gehört zu den drei baugleichen Einheiten, die zwischen 1951 und 1953 von Falck beschafft wurden. Den Kabinenaufbau fertigte Meisner-Jensen. Angetrieben wird der Bedford durch einen von General Motors hergestellten Sechszylinder-Dieselmotor mit 72 PS Motorleistung.

 **Dänemark** ────────────────────────────────

Verwendungszweck:	*Wasserzubringerfahrzeug*
Fahrgestelltyp:	*Scania 80-Super*
Baujahr:	*1971*
Leistung der Pumpe:	*–*
Löschwasservorrat:	*10 000 l*

Einen Löschwasservorrat von 10 000 l befördert dieser von der Hundested Brandvæsen übernommene Tankwagen auf Scania Typ 80-Super-Frontlenker. An diesem Fahrzeug mit seinem 190-PS-Sechszylinder-Dieselmotor brauchten für den Feuerwehrdienst gleichfalls kaum Änderungen zu erfolgen. Auch in diesem Fall wird eine 800 l/min-Tragkraftspritze mitgeführt. An der rechten Seite des Fahrerhauses hat man einen Arbeitsstellenscheinwerfer angebracht.

Verwendungszweck:	*Schaumlöschfahrzeug*
Fahrgestelltyp:	*Volvo N 1017*
Baujahr:	*1981*
Leistung der Pumpe:	*6000 l/min*
Löschwasservorrat:	*–*

Ein typisches Löschfahrzeug eines Raffineriebetriebs ist dieses von der Firma Nielsen auf einem schweren hinterradgetriebenen Volvo-Haubenchassis aufgebaute Schaumlöschfahrzeug, das bei der Werksfeuerwehr (Fabriksbrandvæsen) von Statoil A/S Raffinaderiet in Kalundborg im Dienst steht. Das Fahrzeug wird von einem 170 PS starken Sechszylinder-Turbodiesel angetrieben und ist mit 5000 l Schaummittel beladen. Die starke Feuerlösch-Niederdruckpumpe von Ruberg ist am Rahmenende des Fahrzeugs installiert. Als zusätzliche mobile Schaummittelreserve besitzt dieser Betrieb einen Ford-Tankwagen mit 8000 l Inhalt.

Verwendungszweck:	*Flugplatzlöschfahrzeug FLF 40/90*
Fahrgestelltyp:	*Volvo F 89 (6 x 6)*
Baujahr:	*1973*
Leistung der Pumpe:	*4000 l/min*
Löschwasservorrat:	*9000 l*

Die Flughafenfeuerwehr des Kopenhagener Verkehrsflughafens Kastrup stellte 1973 das als FLF 1 eingeordnete und von der Firma Skuteng aufgebaute Flugplatzlöschfahrzeug (FLF) als sogenannten Skumtender auf dem schweren Volvo F 89-Dreiachs-Frontlenker-Allradfahrgestell in Dienst. Das mächtige Fahrzeug mit seinem Zwölfzylinder-Turbodieselmotor mit 365 PS verfügte neben dem Wasservorrat über 1000 l Schaummittel. Dieses Fahrzeug wurde 1988 an den Flughafen Roskilde abgegeben und zwischenzeitlich außer Dienst gestellt.

Verwendungszweck:	*Drehleiter DL 25 h*
Fahrgestelltyp:	*Mercedes-Benz LF 1113 B*
Baujahr:	*1967*
Leistung der Pumpe:	–
Löschwasservorrat:	–

Eine hydraulisch angetriebene Metz Drehleiter DL 25 h (Metz-Stige) aus dem Jahr 1967 befand sich im Jahr 1996 bei der Freiwilligen Feuerwehr Roskilde (Roskilde Brandvæsen) im Einsatzdienst. Für die Standsicherheit des Fahrzeugs sorgen vier handbetätigte Stützspindeln. An der Unterleiter befestigt ist die Kontrolltafel, die dem Maschinisten am Bedienstand Auskunft über Aufrichtewinkel, Auszugslänge und Belastungsgrenzen gibt. Das Mercedes-Benz-Fahrgestell mit 4200 mm Radstand verfügt bereits über den sechszylindrigen Direkteinspritz-Diesel mit 130 PS.

ISLAND

Die isländischen Feuerwehren waren hinsichtlich ihrer Fahrzeugausrüstung in erster Linie durch US-amerikanische, zu einem geringeren Teil aber auch durch englische und deutsche Fahrgestelle geprägt. Heute besitzt der deutsche Hersteller MAN eine starke Position. Die Angaben zu den Pumpen-Förderleistungen sowie für Wasser- und Schaummitteltankinhalte erfolgen teilweise in US-amerikanischen Gallon- oder aber in metrischen Maßen. Feuerwehrgerätehäuser und Fahrzeuge findet man auf dieser sehr unwirtlichen und sehr dünn besiedelten, im Landesinneren beinahe nur aus Fels, Gletschern und Ödland bestehenden Insel fast ausschließlich in den Küstenregionen. Vor etwa 20 Jahren konnte man bei den isländischen Wehren sowohl moderne als auch bestens gepflegte, aber voll funktionsfähig gehaltene Oldtimer aus den 1940er und 1950er Jahren antreffen.

Diese auf einem Fordson-Fahrgestell mit 100-PS Achtzylinder-V-Vergasermotor montierte Drehleiter DL 20 m aus dem Jahr 1932/34 ist die einzige deutsche Drehleiter, die es jemals auf die Insel verschlagen hat. Die völlig offene Bauweise dieses Fahrzeugs mit seiner Elektrosirene auf dem linken Kotflügel ist für die klimatischen Verhältnisse dieses Landes sicherlich alles andere als zweckmäßig gewesen.

Verwendungszweck:	*Schlauchwagen SW 1000*
Fahrgestelltyp:	*Dodge T 214 WC 52 (4 x 4)*
Baujahr:	*1944*
Leistung der Pumpe:	–
Löschwasservorrat:	–

Dieser ehemalige US-amerikanische Dodge WC 52 3/4-t-Militär-Lkw wurde in mehr als 250 000 Einheiten von verschiedenen Herstellerwerken produziert. Mit seinem Sechszylinder-Vergasermotor mit 3772 ccm Hubraum und 92 PS Leistung war dieses robuste und überall sehr geschätzte Modell stark genug, um auch mit schwierigen Geländeverhältnissen fertig zu werden. Ein solches zusätzlich mit Seilwinde ausgerüstetes Fahrzeug baute sich die Feuerwehr Akureyri (Slökkvistöd Akureyrar) nach Kriegsende in Eigenleistung zu einem Schlauchwagen um, in dessen Kofferaufbau 1000 m Schlauch befinden.

Island _____

Verwendungszweck:	_Löschfahrzeug, Pumper_
Fahrgestelltyp:	_Ford F 600_
Baujahr:	_1954_
Leistung der Pumpe:	_1900 l/min_
Löschwasservorrat:	_2000 l_

Etwas neueren Datums ist dieses Löschfahrzeug auf Ford F 600 der im Umfeld Reykjaviks gelegenen Feuerwehr Hafnarfjördur. Dieses Fahrzeug ist in der damals charakteristischen amerikanischen Bauweise mit einer 500 Gallon (Gpm) Midshippumpe sowie offen gelagerten Geräten, Armaturen und Pumpenbedienstand ausgeführt. Von der Baugröße her entspricht dieses mit einem V-Achtzylinder-Vergasermotor bestückte Modell einem leichten amerikanischen Pumper.

Verwendungszweck:	*Löschfahrzeug, Pumper*
Fahrgestelltyp:	*Ford F 750*
Baujahr:	*1972*
Leistung der Pumpe:	*2800 l/min*
Löschwasservorrat:	*2000 l*

Zu den neueren isländischen Feuerwehrfahrzeugen gehört dieses nach Art der US-amerikanischen Pumper auf einem Ford-Chassis F 750 aufgebaute Löschfahrzeug Nr. 5 der Berufsfeuerwehr Reykjavik. Insgesamt vermittelt die Bauweise dieses Fahrzeugs das charakteristische Bild der damaligen Modelle aus den USA. Das mit einem Dieselmotor bestückte Fahrgestell ist mit einem als Custom Cab ausgebildeten Fahrer- und Mannschaftsraum und einer Darley-Pumpe mit 750 gpm Leistung ausgerüstet.

# GROSSBRITANNIEN

Der Brandschutz kann in Großbritannien auf eine lange Geschichte zurückblicken. Zwar gab es bereits seit dem frühen Mittelalter die ersten vorbeugenden Brandvorschriften in den Städten, doch überließ man die Brandbekämpfung mehr oder weniger dem Zufall. Ein straff organisierter Feuerschutz war unbekannt.

Ein deutliches Umdenken in Sachen Feuerschutz und vorbeugendem Brandschutz erwirkte der große Brand in London. Die im Volksmund als „Great Fire" bekannt gewordene Katastrophe brach am 2. September 1666 in einer Bäckerei aus und entwickelte sich mit großer Schnelligkeit über eine Fläche von fast zehn Quadratkilometern.

Seither bemühte man sich energisch, den Brandschutz und die Feuerlöschkräfte wesentlich professioneller zu organisieren. Nicht nur in London, sondern im ganzen Land wurden Feuerwachen eingerichtet, neue Ausrüstung und Geräte angeschafft und auch die Ausbildung wesentlich verbessert. Bereits gegen 1830 setzte man Dampfspritzen zur Brandbekämpfung ein, und die britischen Wehren gehörten mit zu den ersten, die zu Beginn des 20. Jahrhunderts auf die Motorkraft setzten.

Schon recht früh entwickelte sich eine sehr leistungsfähige Feuerwehrfahrzeug- und Geräteindustrie, die sich bis heute halten konnte. Eingeführt werden allenfalls Drehleitern, die überwiegend von Metz oder Magirus bezogen werden, oder bestimmte Sonderfahrzeuge. In der Regel aber bestimmen Fahrgestelle von Bedford, Dennis, Renault-Dodge, ERF, Ford oder DAF/Leyland mit Aufbauten von HCB-Angus oder Merryweather das Bild. Von den ausländischen Fahrgestelllieferanten haben hauptsächlich Mercedes-Benz, Scania und Volvo in den letzten Jahren erfolgreich auf der Insel Fuß fassen können. Wichtige Aufbauhersteller sind heute Emergency-One (UK), JDC, Carmichael, Angloce, Excalibur und TVAC. Aufbau und feuerwehrtechnische Ausrüstung der Einsatzfahrzeuge sind in Großbritannien weitgehend genormt.

Verwendungszweck:	*Watertender Wrt*
Fahrgestelltyp:	*Reynolds Boughton*
Baujahr:	*1980*
Leistung der Pumpe:	*2250 l/min*
Löschwasservorrat:	*1800 l*

Die in Devon beheimatete Firma Reynolds Boughton ist eine britische Firma, die sich seit 1978 auf den Bau von Feuerwehrfahrzeugen spezialisiert hat. Neben ihrer hauptsächlichen Domäne, den Flugplatzlöschfahrzeugen, baut dieses Unternehmen in kleinerem Umfang aber auch andere Einheiten wie Tanklösch- und Sonderfahrzeuge. Ein solch seltenes Exemplar ist dieser Watertender der Fire and Rescue Services der Mobil Oil Co Ltd. Coryton Refinery in Stanford-le-Hope. Der Fahrer- und Mannschaftsraum besitzt moderne Falttüren. Aufbau und Fahrgestell dieses in abgesetzter Bauweise erstellten Fahrzeugs stammen vom gleichen Hersteller.

39

Verwendungszweck:	*Watertender-Ladder WrL*
Fahrgestelltyp:	*Dennis DS 155*
Baujahr:	*1994*
Leistung der Pumpe:	*2250 l/min*
Löschwasservorrat:	*1800 l*

Ein allein vom Aussehen her typisch britisch wirkendes Feuerwehrfahrzeug ist diese auf einem Dennis-Chassis mit 202 PS starken Perkins-Dieselmotor von Carmichael für den States of Jersey Fire Service auf der Kanalinsel Jersey erstellte Watertender-Ladder. Eine konstruktive Besonderheit dieses Löschfahrzeugs ist die mit Rücksicht auf enge Bebauung und Straßenverhältnisse insgesamt schmalere Ausführung, was durch die Reduzierung auf jeweils einen Frontscheinwerfer und auch durch die schmaleren Kotflügel zum Ausdruck kommt. Auch hier ist der mit Rollläden ausgeführte Metall-aufbau sozusagen „naturbelassen", also unlackiert.

Verwendungszweck:	*Foam-Tender FoT*
Fahrgestelltyp:	*Scania G 93 ML 280*
Baujahr:	*1992*
Leistung der Pumpe:	*6000 l/min*
Löschwasservorrat:	*900 l*

Bei der Werksfeuerwehr (Fire Service) der BP Oil Refinery in Grangemouth (Schottland) befindet sich dieser mit einem Zumischer ausgerüstete Schaummitteltransporter mit 3600 l Vorrat (Foam-Tender) im Dienst. Der Aufbau erfolgte von dem in Yorkshire ansässigen Feuerwehrausrüster Angloco auf einem Scania G 93 ML 280-Frontlenker-Fahrgestell mit 282 PS starkem Turbodieselmotor. Dieses auf die speziellen Belange dieses Raffineriebetriebs zugeschnittene Fahrzeug verfügt über die Standard-Lkw-Kabine für drei Mann Besatzung. Ein festangebrachter Monitor ist hingegen nicht vorhanden.

Großbritannien

Verwendungszweck:	*Foam-Tender FoT*
Fahrgestelltyp:	*Mercedes-Benz 1926/45 AK*
Baujahr:	*1978*
Leistung der Pumpe:	*4500 l/min*
Löschwasservorrat:	*–*

Einen in Großbritannien sehr seltenen Aufbau, der durch Zusammenarbeit der Firmen Angloco und Sides entstand, besitzt dieser Foam-Tender, der für die Werksfeuerwehr der Mobil Oil Co Ltd Coryton Refinery in Stanford-le-Hope auf einem schweren Mercedes-Benz-Zweiachs-Allradchassis mit 4500 mm Radstand beschafft wurde. Der Antrieb des mit einem normalen Lkw-Fahrerhaus bestückten Fahrzeugs erfolgte durch einen Achtzylinder-V-Diesel mit direkter Kraftstoffeinspritzung, 12 760 ccm Hubraum und 256 PS Motorleistung. Zur Beladung gehörten 260 kg Pulver; zur Ausrüstung ein Dachmonitor und zwei Schnellangriffseinrichtungen.

Verwendungszweck:	*Foam-Tender FoT*
Fahrgestelltyp:	*Leyland Mastiff*
Baujahr:	*1977*
Leistung der Pumpe:	*4500 l/min*
Löschwasservorrat:	*–*

Als Foam-Tender der Werksfeuerwehr der Shell Oil Refinery in Stanlow fungierte dieses auf einem Leyland Mastiff-Frontlenker-Chassis in Eigenregie aufgebaute Einzelstück. Die Beladung dieses Fahrzeugs bestand aus einem 4500 l Schaummitteltank. Die starke Feuerlöschpumpe befand sich am Rahmenende, über der auch der Bedienstand für den Schaumwerfer angeordnet war. Unterhalb des ovalförmigen Tanks befanden sich offene Buchten mit Rollschläuchen. Dieser Wagen befindet sich heute nicht mehr im Dienst.

 **Großbritannien**

Verwendungszweck:	*Prime Mover PM*
Fahrgestelltyp:	*Volvo FL 617*
Baujahr:	*1994*
Leistung der Pumpe:	–
Löschwasservorrat:	–

Beim Cambridgeshire Fire and Rescue Service befindet sich dieses von der Firma Gladwins auf einem Volvo FL 617-Zwei-achs-Frontlenkerchassis mit 210-PS-Turbodieselmotor erstellte Wechselladerfahrzeug Prime Mover seit dem Jahr 1994 im Einsatzdienst. Auf dieser Aufnahme befindet sich der 1989 hergestellte Abrollbehälter Incident Command and Control Unit ICU auf dem Fahrzeug. Damit hat dieser Wechsellader eine auf deutsche Verhältnisse übertragbare Funktion eines Einsatzleitwagens übernommen. Das Träger-fahrzeug ist mit einem Hakenabrollsystem für sechs Tonnen ausgelegt.

Verwendungszweck:	*Turntable Ladder TL*
Fahrgestelltyp:	*Dennis DF 133*
Baujahr:	*1984*
Leistung der Pumpe:	–
Löschwasservorrat:	–

Eine von Magirus in Ulm auf einem damals neuen Dennis-Frontlenkerchassis DF 133 gelieferte 30-m-Turntable Ladder TL mit hydraulischem Leiterantrieb erhielt die Hauptfeuerwache Hull der Humberside Fire Brigade im Jahr 1984. Dieser Leitertyp mit seinem rechts seitlich am Leiterstuhl einhängbaren Rettungskorb entspricht der deutschen DLK 30. Als Fahrerkabine wurde das Standard-Lkw-Fahrerhaus für drei Mann Besatzung gewählt. Das als unlackierter Metallaufbau mit verschiedenen Lamellenverschlüssen ausgeführte Leiterpodium erstellte der britische Feuerwehrausrüster Carmichael. Seit Beginn der 1970er Jahre ist die Beschaffung von klassischen Drehleitern in Großbritannien zu Gunsten von Gelenkmastbühnen immer mehr zurückgegangen.

 **Großbritannien**

Verwendungszweck:	*Aerial Ladder Platform ALP*
Fahrgestelltyp:	*Scania 93 M 280*
Baujahr:	*1990*
Leistung der Pumpe:	–
Löschwasservorrat:	–

Weite Verbreitung fanden bei den britischen Feuerwehren auch die von der Firma Bronto Skylift in Tampere, Finnland, hergestellten Gelenkmastbühnen. Seit Jahren kann man dieses Unternehmen als Marktführer in diesem Segment bezeichnen. Weltweit werden die Produkte dieses Herstellers in mehr als 100 Ländern eingesetzt. Sozusagen ein Standardfahrzeug auf den Britischen Inseln ist diese Aerial Ladder Platform ALP in der Ausführung 28-2 T 1 mit 28 m Arbeitshöhe. Dieser hydraulische Bronto-Teleskopmast mit einem von Angloco hergestellten Podium wurde von der Dumfries & Galloway Fire Brigade auf einem Scania-93-M-280-Dreiachsfahrgestell beschafft.

Verwendungszweck:	*Aerial Ladder Platform ALP*
Fahrgestelltyp:	*Volvo FL 10*
Baujahr:	*1995*
Leistung der Pumpe:	–
Löschwasservorrat:	–

Ein dreiachsiges Volvo-FL-10-Intercooler-Chassis zur Basis hat diese für den Surrey Fire & Rescue Service beschaffte Gelenk-mastbühne der Bronto-Skylift-Modells F 32 HDT, die in Zusammenarbeit mit der Feuerwehrkarosserie-Firma An-gloco entstand. Dieses Fahrzeug mit seiner tiefergesetzten Fahrerkabine für drei Besatzungsmitglieder verfügt über eine Arbeitshöhe von 32 m und steht auf der Feuerwache in Chertsey im Einsatzdienst.

Großbritannien

Verwendungszweck:	*Foam-Tender FoT*
Fahrgestelltyp:	*Thornycraft Nubian Major (6 x 6)*
Baujahr:	*1976*
Leistung der Pumpe:	*4950 l/min*
Löschwasservorrat:	*6750 l*

Ein nicht nur auf Verkehrsflughäfen Großbritanniens und vieler Commonwealth-Staaten, sondern auch beim Militär sehr verbreitetes Flugplatzlöschfahrzeug war das Modell Nubian Major, das es in zwei- oder dreiachsiger Ausführung gab. Hier ein noch im Jahr 1996 von der Flughafenfeuerwehr des Carlisle Airport Fire Service eingesetzter, von Carmichael auf einem Dreiachschassis aufgebauter, mit einem Dachmonitor ausgerüsteter Foam Tender FoT. Die Beladung bestand aus 1125 l Schaummittel, 100 l BCF sowie einem großen Löschwasservorrat. Der Fahrzeugantrieb erfolgte durch einen V-Achtzylinder-Vergasermotor von Rolls-Royce mit 140 PS, der eine Maximalgeschwindigkeit von 95 km/h ermöglichte. Auf internationalen Verkehrsflughäfen ist diese Fahrzeuggeneration schon seit langem verschwunden, und in Anbetracht der heutigen Flugzeuggrößen können diese Fahrzeuge heute allenfalls noch den Anforderungen kleiner Flugplätze gerecht werden.

Verwendungszweck:	*Foam-Tender FoT*
Fahrgestelltyp:	*Gloster Saro Javelin (6 x 6)*
Baujahr:	*1981*
Leistung der Pumpe:	*4500 l/min*
Löschwasservorrat:	*10 000 l*

Die Gloster Saro Ltd. gehört zur Hawker-Siddeley Group, dem bekannten britischen Flugzeughersteller. Von ihr wurden größere Stückzahlen mittlerer und schwererer Flugplatzlöschfahrzeuge gebaut, die insbesondere auf britischen Militärflughäfen Verwendung finden. Seit 1979 gibt es das mit einem Automatikgetriebe und V-16-Zylinder-Diesel mit 600 PS ausgerüstete Dreiachsmodell Javelin, das seither auf vielen Flughäfen eingesetzt wird. So auch dieser beim Fire Service des London Luton Airports vorhandene Foam Tender Fot, der neben einem großen Löschwasservorrat mit 1300 l Schaummittel und 100 l BCF, einem halonartigen Löschmittel, beladen ist. Für einen Schnellangriff ist in erster Linie der leistungsfähige Dachmonitor zuständig.

NIEDERLANDE

Zu den modernsten Feuerwehren Europas gehören ohne Zweifel die niederländischen Feuerwehren, dies sowohl in einsatztaktischer, technischer und personeller Hinsicht, nicht zuletzt auch im Hinblick auf deren Ausrüstung mit neuzeitlichen Fahrzeugen. Der Brandschutz in diesem Land kann auf eine lange Tradition zurückblicken, und diese Entwicklung ist bis in das 16. Jahrhundert nachvollziehbar. Aber auch die Niederlande blieben von Brandkatastrophen, wie etwa dem verheerenden Großbrand des Jahres 1870 in Amsterdam, nicht verschont. Solche großen Schadensfälle wie dieser führten zu einer Intensivierung der Bemühungen, sowohl Löschtechnik, Ausbildung und Ausrüstung, aber auch den vorbeugenden Brandschutz weiter zu optimieren. Anfang des 20. Jahrhunderts begann man auch mit der Beschaffung der ersten Motorfahrzeuge.

In den Niederlanden gibt es sowohl Berufs- als auch freiwillige Feuerwehren. Werks- und Betriebsfeuerwehren hingegen sind für den Feuerschutz größerer Betriebe zuständig. Eine leistungsfähige Feuerwehrfahrzeug- und Ausrüstungsindustrie erleichtert die Ausstattung der Wehren mit modernen und zweckmäßigen Einsatzfahrzeugen. An dieser Stelle erwähnt sei die vom österreichischen Rosenbauer-Konzern übernommene Firma Saval-Kronenburg, einem Hersteller mit breitem Angebot an Sonder- und Flugplatzlöschfahrzeugen und Spezialaufbauten.

In der Vergangenheit, zumindest galt dies für die Zeit bis in die 1970er Jahre, hat sich für die niederländischen Fahrzeuge ein besonders individueller Gestaltungsstil entwickelt. Als Nutzfahrzeughersteller ist in den heutigen Niederlanden nur noch die Firma DAF übrig geblieben, so dass bei der Fahrgestellbeschaffung der Import eine relativ große Bedeutung einnimmt. In der Vergangenheit stammten viele Fahrgestelle auch aus Großbritannien und den USA; heute sind deutsche und skandinavische Fabrikate – hier besonders Mercedes-Benz und Scania – vorherrschend. Komplette Feuerwehrfahrzeuge werden seltener eingeführt und wenn, handelt es sich meist um Sonderfahrzeuge oder Drehleitern.

Verwendungszweck:	*Automobilspritze, Autospuit AS*
Fahrgestelltyp:	*Ahrens-Fox*
Baujahr:	*1927*
Leistung der Pumpe:	*3800 l/min*
Löschwasservorrat:	*–*

Berühmt waren die ab 1927 in sieben Einheiten von der Brandweer Rotterdam beschafften amerikanischen Automobilspritzen von Ahrens-Fox. Damals gab es in Europa nichts Ähnliches, was mit diesen leistungsstarken Fahrzeugen hätte gleichziehen können. Die für diese Fahrzeuge charakteristischen doppeltwirkenden Vierzylinder-Vorbaupumpen mit ihrem kugelförmigen Luftspeicher oberhalb der Vorderachse leisteten 3800 l pro Minute. Das war für europäische Verhältnisse ganz außergewöhnlich. Ausgerüstet waren diese mächtigen 7 t schweren Fahrzeuge mit speziell für den Feuerwehrdienst entworfenen 110 PS starken Sechszylinder-Vergasermotoren mit 16 500 ccm Hubraum und 1100 U/min. Der übrige feuerwehrtechnische Aufbau wurde von der ortsansässigen Firma Bikkers & Zoon übernommen. Teilweise wurden die ursprünglich offen ausgeführten Fahrzeuge mit geschlossenen Fahrerkabinen nachgerüstet. Erst 1972 wurden die letzten Reservefahrzeuge abgestellt, von denen sechs Stück der Nachwelt erhalten blieben.

Verwendungszweck:	*Automobilspritze, Autospuit AS*
Fahrgestelltyp:	*Chevrolet 3642*
Baujahr:	*1946*
Leistung der Pumpe:	*2500 l/min*
Löschwasservorrat:	*–*

Ein überaus interessantes Traditionsfahrzeug nennt das Korps Schoonrewoerd der Brandweer Leerdam in der Provinz Zuid Holland ihr Eigen. Es ist eine auf einem Chevrolet-Front-lenkerchassis von der Firma Den Hartog erstellte Automobil-spritze, die mit einer starken Bikkers-Heckpumpe ausgerüs-tet ist. Der Aufbau ist offen gehalten und besitzt Längsbänke für die Mannschaft, über denen sich Halterungen mit Leitern und Saugschläuchen befinden.

Verwendungszweck:	*Tanklöschfahrzeug, Tankautospuit TS*
Fahrgestelltyp:	*MAN 15.264 LC*
Baujahr:	*2000*
Leistung der Pumpe:	*3250 l/min*
Löschwasservorrat:	*1500 l*

Die in der Provinz Gelderland gelegene Brandweer Epe wählte für das neue Tanklöschfahrzeug des Korps Vaassen ein MAN-Frontlenker-Fahrgestell mit 264 PS Diesel. Den feuerwehrtechnischen Aufbau besorgte die Firma Mucar, die zu den neueren Feuerwehrausrüstern des Landes gehört. Dieses Fahrzeug besitzt eine kombinierte Fahrer- und Mannschaftskabine und einen davon abgetrennten Gerätekoffer mit Rollladenverschlüssen. Auch hier ist eine für Tanklöschfahrzeuge seit den 1960er Jahren standardmäßig verwendete Normal- und Hochdruckpumpe vorhanden.

Niederlande

Verwendungszweck:	*Waldbrandlöschfahrzeug,*
	Tankautospuit-Bos-Terrein TS-BT
Fahrgestelltyp:	*Volvo HY F 7 R 1150*
Baujahr:	*1986*
Leistung der Pumpe:	*1600 l/min*
Löschwasservorrat:	*5400 l*

Dieses Waldbrand-Tanklöschfahrzeug, bei den niederländischen Feuerwehren als Tankautospuit-Bos-Terrein TS-BT bezeichnet, stand bei der Brandweer Renkum in Gelderland bis 1996 im Einsatzdienst. Bei diesem von dem Aufbauhersteller van den Dijssel auf einem Volvo-Allrad-Frontlenkerfahrgestell mit einem kräftigen Rammschutz und Normaldruck-Heckpumpe ausgeführten Fahrzeug handelte es sich um ein Einzelstück. Ein ähnliches Modell auf einem DAF-Chassis befand sich bei der Brandweer Arnheim.

Verwendungszweck: *Schaumlöschfahrzeug,*
                                    Schuimvormend Middel AS-SV
Fahrgestelltyp: *GMC 7500*
Baujahr: *1978*
Leistung der Pumpe: *4000 l/min*
Löschwasservorrat: *–*

Ein in den Vereinigten Staaten mit amerikanischen Ausrüstungsmerkmalen erstelltes Schaumlöschfahrzeug ist dieses auf einem GMC-Chassis gebaute Exemplar der Bedrijfsbrandweer (Werksfeuerwehr) des Maatsch Europoort Terminal in Rotterdam. Dieser Schuimbluswagen, für dessen Aufbau und Ausrüstung die Firma National Foam verantwortlich zeichnete, wurde ursprünglich für die Werksfeuerwehr der Mobil-Oil-Raffinerie in Amsterdam beschafft, die im Übrigen weltweit alle Werke mit US-Fahrzeugen bestückt. Das bullig wirkende Fahrzeug ist mit einer Midshippumpe mit offenem Bedienstand ausgerüstet und mit 3000 l Schaummittel beladen. Es ist ein Zumischer vorhanden, wobei die Wasserversorgung aus dem innerhalb des Betriebs vorhandenen Hydrantennetz erfolgt.

Verwendungszweck:	*Flugplatzlöschfahrzeug,*
	Crash-Tender CT
Fahrgestelltyp:	*DAF FF V 3300 DKX 390 (4 x 4)*
Baujahr:	*1985*
Leistung der Pumpe:	*4400 l/min*
Löschwasservorrat:	*4500 l*

Die Bedrijfsbrandweer des Rotterdamer Flughafens Zestienhoven beschaffte im Jahr 1985 zwei identische, mit einem zusätzlichen Schaummittelbehälter bestückte Flugplatzlöschfahrzeuge (Vliegveldblusvoertuigen). Diese auch unter der gebräuchlichen Bezeichnung Crash-Tender CT geführten Fahrzeuge wurden von Doeschot-Rosenbauer auf einem Frontlenker-Allradchassis von DAF mit Automatikgetriebe aufgebaut, im übrigen ein Fahrgestell mit 330-PS-11600-ccm-Diesel, das sich auf der Rallye Paris-Dakar überaus bewährt hatte. Die löschtechnische Beladung besteht neben dem Wasservorrat aus 300 l Schaummittel. Der Schaum-Wassermonitor kann 3000 l bis maximal 75 m weit schleudern.

Verwendungszweck:	*Trockenlöschfahrzeug, Poederbluswagen PB*
Fahrgestelltyp:	*DAF FA 2100 DH 445*
Baujahr:	*1979*
Leistung der Pumpe:	*–*
Löschwasservorrat:	*–*

Die Werksfeuerwehr der Shell Pernis Raffinerie in Rotterdam verfügte über dieses Trocken-Löschfahrzeug (Poederbluswagen PB), das von den Aufbauhersteller Ajax/Den Hartog in Verbindung mit zwei 3000-kg-Pulverlöschanlagen und einem Dachmonitor des deutschen Herstellers Total in Ladenburg bestückt war. Hierfür wurde ein DAF-Frontlenkerchassis mit 204-PS-Dieselmotor verwendet. Dieses Einzelstück wurde im Jahr 1992 zu einem Haakarmbakvoertuig, einem Wechselladerfahrzeug, umgerüstet und schließlich 1997 außer Dienst gestellt.

Verwendungszweck:	*Drehleiter, Autoladder AL*
Fahrgestelltyp:	*DAF A 1900 DS 490*
Baujahr:	*1968*
Leistung der Pumpe:	*3600 l/min*
Löschwasservorrat:	*–*

Dieses selbst für niederländische Werksfeuerwehren sehr ungewöhnliche Fahrzeug ist eine Kombination aus Schaumlöschfahrzeug und Drehleiter. Dieser besondere, als Autoladder AS eingeordnete Fahrzeugtyp wurde in zwei Einheiten von den Werksfeuerwehren der Esso und Shell Raffineriebetriebe in Rotterdam auf dem klassischen DAF-Frontlenkerchassis beschafft. Der Aufbau des Fahrzeugs stammte von Kronenburg, die Drehleiter mit seinem vierteiligen hydraulischen Leiterpark hingegen wurde von dem schwedischen Hersteller A.S. Aasbrink & Co in Malmö geliefert. Während das abgebildete Esso-Exemplar mit 2700 l Schaummittelkonzentrat und einer 3600-l/min-Feuerlöschpumpe mit Zumischer bestückt war, verfügte die Shell-Variante über eine solche mit einer Leistung von 4000 l. Beide Fahrzeuge waren mit in der Fahrzeugmitte befindlichen Pumpenabgängen ausgerüstet. Das Esso-Fahrzeug wurde 1996 außer Dienst gestellt.

Verwendungszweck:	*Schnellangriffsfahrzeug,*
	Rapid Intervention
Fahrgestelltyp:	*Vehicle RIV Saval Kronenburg SAV 04*
Baujahr:	*1986*
Leistung der Pumpe:	*800 l/min*
Löschwasservorrat:	*4300 l*

Ein von Saval Kronenburg aufgebautes Schnellangriffsfahrzeug – Rapid Intervention Vehicle RIV – des Typs SAV 04 beschaffte die Bedrijfsbrandweer des Amsterdamer Verkehrsflughafens Schiphol im Jahr 1986 in drei Exemplaren. Die Beladung dieses zweiachsigen Allradfahrzeugs besteht aus einem Löschwasserbehälter, 250 l Schaummittel und 2 x 50 kg Halon. Die leistungsfähige Feuerlöschkreiselpumpe besitzt einen Zumischer, mit dessen Hilfe das Schaum-Wasser-Gemisch an den Monitor geleitet wird. Das abgebildete Fahrzeug wurde 1994 an den Rotterdamer Luchthaven Zestienhoven abgegeben, wo auch diese Aufnahme entstand.

Verwendungszweck:	*Flugplatzlöschfahrzeug FLF*
Fahrgestelltyp:	*Emergency One*
Baujahr:	*2003*
Leistung der Pumpe:	*7570 l/min*
Löschwasservorrat:	*12 150 l*

Im Jahr 2003 wurde das erste von insgesamt 34 von dem amerikanischen Feuerwehrausrüster Emergency One Inc. georderten Flugfeldlöschfahrzeugen ausgeliefert. Der Auftrag umfasste neun Fahrzeuge für den internationalen Amsterdamer Verkehrsflughafen Schiphol und weitere 25 Einheiten für Luftwaffe und Marine der Niederlande. Bei diesen 8 x 8-Fahrzeugen handelt es sich um eine völlig neu entwickelte Fahrzeuggeneration von E-One. Zum Bau von Kabinen und Karosserien gelangte glasfaserverstärktes Polyester zur Verwendung. Den Antrieb übernimmt ein V-Zwölfzylinder-Diesel von MTU mit 1025 PS Leistung. Die Waterous-CR-Pumpe hat eine Leistung von 7570 l bei 17 bar und 250 l bei 43 bar. Der installierte Frontmonitor leistet 2500 l/min, während sich die Wurfleistung des Dachmonitors auf bis zu 5000 l/min beläuft. Der Wasservorrat wird ergänzt durch 750 l Schaummittel und eine 225-kg-Pulverlöschanlage. Die Höchstgeschwindigkeit des 37 500 kg schweren Fahrzeugs liegt bei 125 km/h. Das hier abgebildete Fahrzeug besitzt zwischenzeitlich Beschriftung und eine andere Lackierung.

Verwendungszweck:	*Drehleiter DL 25 m,*
	Autoladder AL 25
Fahrgestelltyp:	*DAF A 13 BA 413*
Baujahr:	*1959*
Leistung der Pumpe:	–
Löschwasservorrat:	–

Diese von Metz auf einem DAF-Torpedo-Fahrgestell errichtete Autoladder 25 mit zusätzlich 2 m Handausschub und mechanischem Antrieb der Leiterbewegungen wurde 1959 von der Brandweer Hoogezand-Sappemeer in Dienst gestellt. Den Karosserieaufbau mit Leiterpodium fabrizierte die Firma Voigt auf diesem erstmals im Jahr 1957 eingeführten und hauptsächlich für Drehleiteraufbauten verwendeten neuen DAF-Haubenchassis mit Torpedofront. Lieferbar waren die Fahrgestelle wahlweise mit in Lizenz gefertigten 155-PS-Vergaser- oder 120-PS-Dieselmotoren des Fabrikats Leyland. 1980 wurde das Fahrzeug an die Brandweer Bergen in der Provinz Noord Holland abgegeben, wo es sich im Jahr 1998 noch im Einsatz befand.

Verwendungszweck:	*Drehleiter DL 17 m,*
	Autoladder AL 17
Fahrgestelltyp:	*Commer Superpoise*
Baujahr:	*1955*
Leistung der Pumpe:	–
Löschwasservorrat:	–

Die Brandweer Kampen entschied sich bei der Wahl ihrer neuen Metz-Drehleiter für ein englisches Commer-Lastwagenchassis mit Sechszylinder-Dieselmotor. Bei dieser Autoladder mit 17 m Steighöhe handelte es sich um eine dreiteilige Stahlleiter, deren Leiterbewegungen mittels Handkurbeln erfolgen musste. Die Drehleiter, ausgerüstet mit einer Elektrosirene auf dem rechten Kotflügel, wurde 1960 an die Brandweer Winterswijk in der Provinz Gelderland veräußert, wo sie bis heute als Museumsoldtimer gehegt und gepflegt wird.

Verwendungszweck:	*Drehleiter mit Korb DLK 23-12 PLC, Autoladder AL-K 30*
Fahrgestelltyp:	*DAF FFN 55 250 CF 380*
Baujahr:	*2003*
Leistung der Pumpe:	–
Löschwasservorrat:	–

Eine Metz DLK 23-12 PLC erhielt die Brandweer Rotterdam im Jahr 2003. Die Drehleiter entsprach mit ihren elektronischen Bedienungs-, Steuerungs- und Überwachungssystemen der neuesten Metz-Technologie. Mit der sogenannten Program Logic Control erfolgt die Bodendrucküberwachung der Abstützung, das Umklappen des Korbes, die Steuerung aller Leiterbewegungen und der Belastungswaage sowie der Benutzungs- und Belastungsgrenzen. Um die Beweglichkeit der Drehleitern im Straßenverkehr zu verbessern, stellte Metz im Jahr 1996 ihre erste PLC-Drehleiter auf einem dreiachsigen Fahrgestell vor, bei dem die erste und dritte Achse lenkbar waren und damit die Beweglichkeit spürbar verbesserte. Auf dieser zukunftsweisenden Technologie basiert auch dieses auf einem DAF-Dreiachs-Frontlenkerchassis erstellte Fahrzeug, im übrigen die erste Dreiachs-Drehleiter in den Niederlanden.

Niederlande

Verwendungszweck:	*Gelenkmastbühne 24 m,*
	Hoogwerker HW 24
Fahrgestelltyp:	*DAF FFN 75.300 RC 545*
Baujahr:	*1996*
Leistung der Pumpe:	–
Leistung der Pumpe:	–

Häufiger als bei deutschen Feuerwehren findet man in den Niederlanden die sogenannten Hoogwerker HW, also Teleskop- oder Gelenkmastbühnen. Zum Unterschied zu den aus mehreren ausfahrbaren Teleskoparmen bestehenden Teleskopbühnen, bestehen die Gelenkmastbühnen aus mehreren Gelenkarmen, die allerdings nicht teleskopierbar sind. Ein Fahrzeug der ersten Kategorie, einen Hoogwerker mit 24 m Arbeitshöhe, beschaffte die Brandweer Spijkenisse in der Provinz Zuid Holland auf einem schweren DAF-Dreiachs-Frontlenkerfahrgestell. Man entschied sich für das Modell Elevant WTF-240 des Fabrikats Wumag.

Verwendungszweck:	*Wechselladerfahrzeug WLF,*
	Haakarmbakwagen HA
Fahrgestelltyp:	*Ginaf X 3335 S 380*
Baujahr:	*1996*
Leistung der Pumpe:	*1600 l/min*
Löschwasservorrat:	*5000 l*

Die Brandweer Soest in der Provinz Utrecht ist Besitzer dieses von der Firma Technamics ausgerüsteten Haakarmbakwagens HA, eines Wechselladerfahrzeugs, das auf einem Ginaf-Dreiachs-Frontlenkerchassis entstanden war. Die Ginaf Automobildrijven BV in Veenendaal baut seit 1967 meist mit DAF-Motoren bestückte schwere Frontlenker-Lkw mit drei bis fünf Achsen. Hier ist das Fahrzeug mit einem Tank-Abrollbehälter zu sehen, das korrekt als Tankwagen-haakarmbak-Water, AB-Wasser bezeichnet wird. Der Behälter ist mit einer in Eigenleistung installierten Tragkraftspritze TS 16/8 bestückt.

BELGIEN

Auch die belgischen Feuerwehren können auf eine lange Tradition auf dem Gebiet des Brandschutzes zurückblicken. Bereits im Jahr 1800 wurde das erste belgische Löschkorps gegründet. Gegen 1870 hielten die ersten Dampfspritzen Einzug in die Bestände der größeren Städte. Die damalige Ausrüstung wurde zwar größtenteils aus England importiert, bald aber kamen auch verschiedene deutsche Hersteller zum Zuge. Das erste Feuerwehrautomobil war ein Adler-Aufklärungswagen, den die Brandweer Schaarbeek im Jahr 1899 beschaffte.

Die Feuerwehrmotorisierung machte recht schnelle Fortschritte, zumal sich im Lauf der Zeit eine ausgeprägte Nutzfahrzeugindustrie entwickelte. Die überwiegende Praxis in Belgien bestand darin, die Fahrgestelle zu beziehen und die individuelle Ausrüstung und die Aufbauten im Lande fertigen zu lassen. Trotzdem wurden viele Sonderfahrzeuge oder -aufbauten insbesondere von deutschen Firmen komplett bezogen. Hinzu kam die große Zahl ehemaliger Militärfahrgestelle und -fahrzeuge aus der Zeit des Zweiten Weltkriegs, welche die belgischen Feuerwehren oftmals zu Behelfslöschfahrzeugen umrüsteten. Drehleitern wurden überwiegend aus Deutschland bezogen, vereinzelt wählte man aber auch Produkte aus Frankreich.

Daher bot der Fahrzeugbestand in den 1960er Jahren in keiner Weise ein halbwegs einheitliches Bild und war teilweise stark überaltert. Dabei machte nicht zuletzt die Ersatzteilfrage den belgischen Wehren zu schaffen. So wurde Mitte der 1960er Jahre ein nationales Ankaufsprogramm ins Leben gerufen, das eine grundsätzliche Erneuerung der Feuerwehrfahrzeuge zum Ziel hatte. Löschfahrzeuge (Autopompen) auf Bedford- und International-, aber auch Dodge-Fahrgestellen wurden in großen Stückzahlen beschafft. Diese Bemühungen wurden auch mit organisatorischen Maßnahmen, die zu einer erheblichen Verbesserung des Brandschutzes führten, gekoppelt.

Verwendungszweck:	*Tanklöschfahrzeug, Autopomp*
Fahrgestelltyp:	*International Harvester IHC*
	Loadstar 1600
Baujahr:	*1970*
Leistung der Pumpe:	*2300 l/min*
Löschwasservorrat:	*1750 l*

Auf einem amerikanischen mittelschweren Lkw-Fahrge-
stell von International Harvester wurde ein Großteil der
von Wasterlain im Rahmen des staatlich bezuschussten Glo-
balen Aankoopprograms (Ankaufprogramm des belgischen
Innenministeriums) gefertigten Löschfahrzeuge erstellt.
Unter der kantigen Motorhaube wirkte eine V-Achtzylinder-
Vergasermotor mit 157 PS. Im übrigen war dies das letzte
Fahrgestell mit Vergasermotor für die von belgischen Feuerwehren in größeren Stückzahlen beschafften Fahrzeuge.
Das abgebildete Fahrzeug mit seiner mächtigen Frontpumpe
stand bei dem Service d'Incendie Virton im Bezirk Luxem-
bourg noch 1999 im Einsatzdienst.

Belgien

Verwendungszweck:	*Tankwagen, Wasser-zubringerfahrzeug*
Fahrgestelltyp:	*GMC CCKW 353 (6 x 4)*
Baujahr:	*1953*
Leistung der Pumpe:	*1600 l/min*
Löschwasservorrat:	*4000 l*

Besonders stark waren bei belgischen Feuerwehren ehemalige US-amerikanische Militärfahrzeuge vertreten. Vor allem das 2,5-Tonner-Modell GMC CCKW 353, mit mehr als 800 000 Einheiten der mit Abstand am meisten verbreitete Militärlastwagen, war nicht nur bei den vielen freiwilligen Feuerwehren allgegenwärtig. Den Antrieb dieses sehr robusten, bis in die 1950er Jahre produzierten allradgetriebenen Dreiachsfahrzeugs besorgte ein Sechszylinder-Vergasermotor, der 104 PS bei 3000 U/min erzeugte. Hier ein als Tankwagen verwendetes Fahrzeug mit Stahlfahrerhaus des Service d'Incendie Verviers. Das mit Vorbauseilwinde und Feuerlöschpumpe ausgerüstete Modell befand sich bis Anfang der 1990er Jahre im Einsatzdienst.

Verwendungszweck:	*Tanklöschfahrzeug, Autopomp*
Fahrgestelltyp:	*Mercedes-Benz 1325 F Atego*
Baujahr:	*2002*
Leistung der Pumpe:	*1600 l/min*
Löschwasservorrat:	*2000 l*

Ein Tanklöschfahrzeug aktueller Bauart ist dieses von der Firma Vanassche erstellte Modell. Der Aufbau des an die Brandweer Kortrijk gelieferten Fahrzeugs erfolgte auf einem 13,5-t-Mercedes-Benz-Atego-Frontlenkerfahrgestell mit einer Motorleistung von 245 PS. Die Staffelkabine bietet Platz für sechs Einsatzkräfte. Die Nieder- und Hochdruckpumpe leistet entweder 1600 l/min bei 8 bar oder 250 l/min bei 40 bar.

Belgien

Verwendungszweck:	*Wasserzubringerfahrzeug*
Fahrgestelltyp:	*Mercedes-Benz L 1920*
Baujahr:	*1965*
Leistung der Pumpe:	*–*
Löschwasservorrat:	*13 000 l*

Die Feuerwehr Jodoigne erwarb 1981 diesen früheren, auf einem schweren Mercedes-Benz-Kurzhauberchassis aufgebauten Benzintankwagen und rüstete ihn in Eigenarbeit zu Feuerwehrzwecken um. Neben den Lackierarbeiten sowie der Anbringung der für ein Feuerwehrfahrzeug erforderlichen Warn- und Signaleinrichtungen wurden eine 1600-l/min-Tragkraftspritze und beidseitige Körbe für Rollschläuche installiert. Unter der bulligen Haube dieses schweren Kurzhauberfahrgestells wirkte ein Sechszylinder-Direkteinspritz-Diesel mit 10 810 ccm Hubraum und 210 PS Leistung, der eine Spitzengeschwindigkeit von 75 km/h ermöglichte.

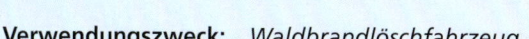
Verwendungszweck:	*Waldbrandlöschfahrzeug, Bosautopomp*
Fahrgestelltyp:	*Iveco-Magirus 170 D 17 AK*
Baujahr:	*1981*
Leistung der Pumpe:	*–*
Löschwasservorrat:	*8000 l*

Dieser auf einem allradgetriebenen Iveco-Magirus-Allrad-kipper-Fahrgestell aufgebaute und im Jahr 1996 in Eigen-arbeit zu einem Feuerwehrtankwagen umgebaute ehema-lige Benzintankwagen befand sich im Fahrzeugbestand des Service d'Incendie Eghezée im Bezirk Namur. Das mit einem luftgekühlten V-Achtzylinder-Direkteinspritz-Die-selmotor mit 8482 ccm Hubraum und 176 PS Motorleistung ausgerüstete Fahrzeug hatte man mit einer am Heck ange-ordneten 1600-l/min-Tragkraftspritze eines deutschen Her-stellers bestückt.

Verwendungszweck:	*Trockenlöschfahrzeug TroLF,*
	Poederwagen
Fahrgestelltyp:	*Magirus-Deutz (KHD) F Mercur 125 A*
Baujahr:	*1961*
Leistung der Pumpe:	–
Löschwasservorrat:	–

Dieser schöne Magirus-Rundhauber mit Allradantrieb der Brandweer Gent in Oostvlandern gehörte zu einer Reihe von Fahrzeugen für unterschiedliche Verwendungszwecke, die diese Wehr gegen Ende der 1950er Jahre bei der Aufbaufirma Landuyt auf diese Fahrgestelle bauen ließ. Diese Fahrzeuge besaßen die Standard-Lkw-Kabine, hatten einen nahezu einheitlichen, leicht verrundeten, abgesetzten Geräteaufbau und waren mit einem luftgekühlten V-Sechszylinder-Diesel mit 125 PS bestückt. Hier abgebildet ist das mit zwei 750-kg-Pulverlöschanlagen von Total mit offenen Bedienständen auf der linken Seite bestückte TroLF. Ferner sind zwei Schnellangriffseinrichtungen mit jeweils 30 m Hochdruckschlauch im Aufbau installiert.

Verwendungszweck:	*Drehleiter DL 30 h, Autoladder 30*
Fahrgestelltyp:	*Magirus-Deutz (KHD) F*
	Mercur 125
Baujahr:	*1958*
Leistung der Pumpe:	–
Löschwasservorrat:	–

Gegen Ende der 1950er Jahre wurden auch von Feuerwehren in Belgien verstärkt hydraulisch angetriebene Drehleitern mit 30 m Auszugslänge von Magirus auf den gleichen Fahrgestellen beschafft. Abgesehen von der Baugröße und dem hydraulischen Leiterantrieb, waren diese Fahrzeuge mit den kleineren Magirus DL 25 identisch. Während die Leiter selbst von Magirus gebaut wurde, wurde die Sechs-Mann-Staffelkabine von dem belgischen Hersteller Geens erstellt. Dieses Exemplar ging an die Brandweer Schoten und war noch 1984 im Einsatz.

Verwendungszweck:	*Drehleiter mit Korb DLK 30,*
	Autoladder 30
Fahrgestelltyp:	*Renault GF 231*
Baujahr:	*1984*
Leistung der Pumpe:	–
Löschwasservorrat:	–

Im Jahr 1981 wurde im Rahmen eines größeren Beschaffungs-
auftrags durch das belgische Innenministerium für verschiedene Feuerwehren des Landes eine beachtliche Stückzahl
von DLK 30 beim französischen Hersteller Riffaud bestellt. Für
die mit Klappkörben für zwei Personen ausgerüsteten Leitern wurde ein Renault-Frontlenker-Fahrgestell mit Turbodiesel, 167 PS Motorleistung und automatischem Getriebe
gewählt. Die tiefergelegte Fahrerkabine war vor der Vorderachse positioniert, so dass sich die Bauhöhe des Fahrzeugs in
Grenzen hielt. An der Leiterspitze befand sich ein Wendestrahlrohr. Das abgebildete Fahrzeug ging an die Brandweer
Lennik in der Provinz Vlaams Brabant.

Verwendungszweck:	*Drehleiter mit Korb DLK 23-12 Vario CC-GL, Autoladder 30*
Fahrgestelltyp:	*Iveco-Magirus Euro-Fire ML 180 E 34*
Baujahr:	*1998*
Leistung der Pumpe:	–
Löschwasservorrat:	–

Eine Magirus DLK 30 in der Ausführung als Gelenk- oder Knickleiter beschaffte 1998 der Service d'Incendie der Stadt Lüttich. Magirus hatte diesen Leitertyp auf der Interschutz 1994 in Hannover als DLK 23-12 Vario CC-GL erstmals vorgestellt. Hierbei handelte es sich um eine neukonstruierte Drehleiter mit fünfteiligem Leitersatz, dessen oberstes, etwa 3,50 m langes Leiterteil gelenkig konstruiert war, so dass es einschließlich des Rettungskorbs bis zu 75° nach unten abgewinkelt werden konnte. Das hierdurch erweiterte Benutzungsfeld eröffnete neue taktische Einsatzmöglichkeiten. Der Rettungskorb hat eine Tragfähigkeit von 270 kg. Diese Leiterbauart wurde in Belgien relativ häufig geordert und brachte es dabei zu großer Beliebtheit. Das abgebildete Fahrzeug wurde auf einem schweren Iveco-Magirus-Euro-Fire-Chassis errichtet.

Verwendungszweck:	*Flugplatzlöschfahrzeug FLF,*
	Crash-Tender
Fahrgestelltyp:	*Faun LF 36.30 x 2/45 V (6 x 6)*
Baujahr:	*1979*
Leistung der Pumpe:	*6000 l/min*
Löschwasservorrat:	*12300 l*

Für den Service d'Incendie des Aeroports de Charleroi in der belgischen Provinz Hainaut wurde im Jahr 1979 ein von Magirus auf einem Faun-Dreiachsfahrgestell aufgebautes Flugplatzlöschfahrzeug beschafft. Im Fahrzeugheck befanden sich neben den beiden Motoren zwei beidseitig angebrachte Schnellangriffseinrichtungen. Die Feuerlöschkreiselpumpe FP 60/10 war als Mitteneinbaupumpe ausgebildet. Zusätzlich zum Löschwasservorrat waren 1200 l Schaummittelkonzentrat an Bord. Das schwere Faun-Chassis verfügte über zwei 330-PS-KHD-Dieselmotoren. Im übrigen waren dies die letzten von Magirus aufgebauten Flugplatzlöschfahrzeuge, bevor man dieses Marktsegment anderen Anbietern – hier besonders Rosenbauer und Ziegler – gänzlich überlassen musste.

Verwendungszweck:	*Flugplatzlöschfahrzeug FLF,*
	Crash-Tender
Fahrgestelltyp:	*Sides S 2000-15 (6 x 6)*
Baujahr:	*1997*
Leistung der Pumpe:	*6000 l/min*
Löschwasservorrat:	*13 000 l*

![Sides S 2000-15 Flugplatzlöschfahrzeug, Liège Airport 31]

Ebenfalls zu den Eigenbeschaffungen gehörte dieses FLF des Aeroports de Liège (Lüttich), nachdem zu Beginn der 1990er Jahre die belgische Flughafengesellschaft aufgelöst worden war. Für Aufbau und Löschtechnik war die in St.-Nazaire ansässige französische Firma Sides zuständig, die auch das Dreiachsfahrgestell selbst herstellte. 1600 l Schaummittel, eine 250-kg-Pulverlöschanlage, ein großer Löschwasservorrat, eine starke, mit Niederdruck arbeitende Feuerlöschkreiselpumpe sowie ein kombinierter, ferngesteuerter Wasser-Schaum-Pulvermonitor zählen zu den wichtigsten Eigenschaften dieses recht elegant lackierten Fahrzeugs.

LUXEMBURG

Das Großherzogtum Luxemburg besitzt eine Fläche von nur 2586 Quadratkilometern, auf der rund 450 000 Menschen leben. In der gleichnamigen Hauptstadt wurde 1814 das erste Feuerwehrkorps gegründet. Die Weiterentwicklung führte dann im Jahr 1921 zur Bildung einer Berufsfeuerwehr – im übrigen die einzige Berufsfeuerwehr des Landes. Daneben gibt es zahlreiche freiwillige Feuerwehren und einzelne Betriebs- und Werksfeuerwehren.

Da Luxemburg weder über eine eigene Nutzfahrzeugindustrie noch über Feuerwehrausrüster von Bedeutung verfügt, müssen alle Produkte eingeführt werden. Dabei werden überwiegend deutsche Normfahrzeuge der bekannten Feuerwehrausrüster Metz, Magirus und Ziegler auf Mercedes-Benz, Iveco-Magirus, MAN und anderen Fahrgestellen beschafft. In einigen Fällen befinden sich aber auch Fahrzeuge französischer und niederländischer, vereinzelt auch englischer Herkunft im Bestand. Ebenso sind in letzter Zeit Fahrzeuge mit Rosenbauer-Aufbauten auf dem Vormarsch.

Ein hervorragend gepflegter Tankwagen-Oldtimer zählte noch 1999 zum aktiven Fahrzeugbestand des Service d'Incendie Niederanven. Der von dem belgischen Feuerwehrausrüster Geens auf einem US-amerikanischen Ford-Fahrgestell aufgebaute Wagen wurde erst im Jahr 1993 von der Flughafenfeuerwehr des Aeroport de Luxembourg übernommen. Am Rahmenende befindet sich eine leistungsstarke Feuerlöschkreiselpumpe.

Verwendungszweck:	*Vorausrüstwagen VRW*
Fahrgestelltyp:	*Mercedes-Benz 1124 AF*
Baujahr:	*1991*
Leistung der Pumpe:	*3000 l/min*
Löschwasservorrat:	*1200 l*

Einen Vorausrüstwagen auf einem mittelschweren Mercedes-Benz-Allradchassis ließ sich die Berufsfeuerwehr Luxemburg von Rosenbauer aufbauen. Dieses kompakte Fahrzeug ist mit allem notwendigen Gerät und Werkzeug, vornehmlich für Verkehrsunfälle, aber auch für den Ersteinsatz bei sonstigen technischen Hilfeleistungen ausgerüstet. Darüber hinaus befördert das mit drei Mann besetzte Fahrzeug einen Wasservorrat und 1120 l Schaummittel. Die Feuerlöschkreiselpumpe befindet sich am Heck und ist für Normal- und Hochdruckbetrieb (3000 l/min bei 8 bar, 400 l/min bei 40 bar) ausgerüstet.

Verwendungszweck:	*Flugplatzlöschfahrzeug FLF*
Fahrgestelltyp:	*Walter (4 x 4)*
Baujahr:	*1953*
Leistung der Pumpe:	*2500 l/min*
Löschwasservorrat:	*7000 l*

Dieses Flugplatzlöschfahrzeug wurde von dem Feuerwehrausrüster Sides auf einem US-amerikanischen Walter-Chassis
für den Feuerschutz auf dem Luxemburger Verkehrsflughafen
geliefert. Die französischen Vorbildern entlehnten Walter
Trucks aus Ridgewood, N. Y. genossen schon früh beste
Reputationen, wobei man sich im Rahmen des Spezialfahr-
zeugprogramms auch auf Feuerwehrfahrzeuge mit Vierrad-
antrieb festlegte. Dieses Allradfahrzeug ist mit zwei Dach-
werfern, 1000 l Schaummittel und einem Löschwasservorrat
bestückt.

Verwendungszweck:	*Kranwagen KW 50*
Fahrgestelltyp:	*Faun ATF 50-3*
Baujahr:	*1999*
Leistung der Pumpe:	–
Löschwasservorrat:	–

Das Nachfolgemodell des beim Luxemburger Zivilschutz (Protection Civile Base Nationale de Support) in Lintgen bis 1973 eingesetzten Kranwagens KW 10 auf GMC-Fahrgestell ist dieser 1999 beschaffte Faun-Teleskopkranwagen mit einer maximalen Tragkraft von 50 t. Alle drei Achsen dieses trotz der hohen Hubleistung sehr kompakten Faun-Fahrgestells sind angetrieben; die beiden Vorderachsen sind gelenkt, die Hinterachslenkung kann zugeschaltet werden. Die Räder sind einzeln hydropneumatisch gefedert. Am Heck befindet sich eine 150-t-Seilwinde. Der Kranausleger ist vierfach teleskopierbar.

DEUTSCHLAND

Die Feuerwehren in Deutschland sind seit der Gründung der Bundesrepublik Deutschland föderalistisch organisiert und den einzelnen Fachabteilungen der jeweiligen Innenministerien unterstellt. Während des Dritten Reiches hingegen waren die Feuerwehren der Polizeihoheit zugeordnet, was sich äußerlich in der grünen Farbgebung der Fahrzeuge ausdrückte. Heute sind Gemeinden und Städte verpflichtet, Feuerwehren und Einrichtungen für den Brandschutz vorzuhalten. Entsprechend der Vorschriften haben Städte mit mehr als 100 000 Einwohnern Berufsfeuerwehren einzurichten. Daneben gibt es auch die Möglichkeit, größere freiwillige Feuerwehren mit hauptamtlichen Kräften auszustatten. Für den Brandschutz in Industriebetrieben sind Werksfeuerwehren zuständig.

Zu den hauptsächlichen Aufgaben der Feuerwehr zählen Brandschutz und dessen Vorbeugung, technische Hilfeleistung, Umweltschutzaufgaben und Katastrophenschutz. Die für diese teilweise sehr unterschiedlichen Bereiche bereitgehaltenen Fahrzeuge und Ausrüstungskomponenten unterliegen DIN-Normbestimmungen, welche deren grundsätzliche Anforderungen bis ins Detail festlegen. Die Einhaltung der Normen ist die Grundlage für eine erfolgreiche Zusammenarbeit der einzelnen Einheiten. Sie erleichtert die Beschaffung kostengünstig produzierter Fahrzeuge und Geräte und ist die Basis einer einheitlichen Ausbildung.

Das Fahrzeugangebot ist sehr vielfältig und gliedert sich im Wesentlichen in Löschfahrzeuge, Hubrettungsfahrzeuge, Rüst- und Gerätewagen, Schlauchwagen, Sanitätsfahrzeuge und sonstige Feuerwehrfahrzeuge. Dazu kommen insbesondere in großen Industriebetrieben, auf Flughäfen und beim Militär eingesetzte Sonderfahrzeuge aller Art, die in der Regel nicht genormt sind. Die deutsche Feuerwehr-Fahrzeugindustrie steht weltweit mit an führender Stelle. Sie ist sehr leistungsfähig und besitzt vor allem bei Drehleitern und Sonderfahrzeugen seit jeher einen hohen Exportanteil.

Verwendungszweck:	*Automobilspritze*
Fahrgestelltyp:	*MAN Typ 3 Zc*
Baujahr:	*1921*
Leistung der Pumpe:	*1000 l/min*
Löschwasservorrat:	*–*

Der Ulmer Feuerwehrausrüster Magirus errichtete Feuerwehrfahrzeuge nicht nur auf eigenen Fahrgestellen, auch wenn dies überwiegend der Fall war. 1921 baute Magirus eine Automobilspritze auf einem Dreitonnenchassis der Maschinenfabrik Augsburg-Nürnberg (MAN) auf. Unter der Motorhaube dieses elastikbereiften Fahrzeugs arbeitet ein Vierzylinder-Vergasermotor mit 6302 ccm Hubraum, der 55 PS bei 1000 U/min hervorbringen kann und eine Maximalgeschwindigkeit von 60 km/h erreichen lässt. Für die Werksfeuerwehr der Augsburger-Kammgarn-Spinnerei AG war dieser Veteran noch zu Beginn der 1980er Jahre als Einsatzfahrzeug unverzichtbar. Heute wird der Wagen von der MAN in München museal erhalten.

Deutschland

Verwendungszweck:	*Leichtes Löschgruppenfahrzeug*
	LLG (später LF 8)
Fahrgestelltyp:	*Mercedes-Benz L 1500 S*
Baujahr:	*1943*
Leistung der Pumpe:	–
Löschwasservorrat:	–

Für die Feuerwehren kleinerer Gemeinden war das seit Mitte 1941 auf dem Mercedes-Benz L 1500 S gefertigte Leichte Löschgruppenfahrzeug (LLG) vorgesehen. Dieses von einem Sechszylinder-Vergasermotor mit 2594 ccm Hubraum und 60 PS Motorleistung bestückte Fahrzeug erreichte mit 75 km/h seine Höchstgeschwindigkeit. Die 800 l/min-Tragkraftspritze musste in einem separaten Anhänger mitgeführt werden. Den Aufbau des hier abgebildeten Fahrzeugs erstellte Daimler-Benz in Sindelfingen. Daneben gab es aber auch Fertigungen anderer Hersteller. Mindestens 3626 Exemplare wurden bis 1944 gefertigt. Der Tragkraftspritzenanhänger stammt von Rosenbauer. Bei der Freiwilligen Feuerwehr Dollerup bei Flensburg stand dieses gut gepflegte Fahrzeug als LF 8 noch unlängst im Einsatz.

Verwendungszweck:	*Kraftfahrspritze KS 25 (später LF 25)*
Fahrgestelltyp:	*Magirus-Deutz (KHD) FS 145*
Baujahr:	*1940*
Leistung der Pumpe:	*2500 l/min*
Löschwasservorrat:	*300 l*

Eine Kraftfahrspritze (KS) 25 auf Magirus-Fahrgestell zeigt diese Abbildung. Dieses mächtige, ebenfalls von Magirus erstellte Fahrzeug mit seiner beindruckend langen Motorhaube entsprach dem 1936er Baumuster des Reichsluftfahrtministeriums, wurde ab 1943 als LF 25 bezeichnet und erst 1982 aus dem Einsatzdienst der Freiwilligen Feuerwehr Velbert entfernt. Der gewaltige wassergekühlte Sechszylinder-Diesel besitzt 9122 ccm Hubraum und kann 125 PS bei 2000 U/min erzeugen. Seit mehr als 20 Jahren befindet sich das Fahrzeug nun im Feuerwehrmuseum Heiligenhaus.

Verwendungszweck:	*Tanklöschfahrzeug TLF 15/43*
Fahrgestelltyp:	*Opel-Blitz Typ 6700 A*
Baujahr:	*1943*
Leistung der Pumpe:	*1500 l/min*
Löschwasservorrat:	*2500 l*

Seit Beginn des Jahres 1943 wurden von Magirus in Ulm Tankspritzen TSH 515 auf Klöckner-Deutz-Fahrgestellen gefertigt. Diese Modelle führten dann Ende des gleichen Jahres zum Bau von Tanklöschfahrzeugen TLF 15/43, die auf dem 3-t-Opel-Allradchassis gebaut wurden. Das neue TLF beförderte drei Mann Besatzung. Neben dem unverkleideten Wasserbehälter befand sich die Feuerlöschkreiselpumpe am Heck des Fahrzeugs. Die Fahrzeuge bewährten sich während des Bombenkriegs bei Ausfall der Wasserversorgung und beim Ablöschen von Entstehungsbränden hervorragend, standen aber mit nur rund 750 Einheiten in einer viel zu geringen Zahl zur Verfügung. Dieses Fahrzeug wurde originalgetreu in der ab September 1943 üblichen dunkelgelben Lackierung (RAL 7028) restauriert.

Verwendungszweck:	*Kraftfahrdrehleiter KL 26*
	(später DL 26 m)
Fahrgestelltyp:	*Magirus-Deutz (KHD) FL 145*
Baujahr:	*1940*
Leistung der Pumpe:	–
Löschwasservorrat:	–

Zur Jahresmitte 1938 unterzog Magirus die Haubenverkleidungen der 4,5-t-Typen einer optischen Modifikation, indem nun die Kühlerlüftungsgitter und -verkleidungen schräggestellt bzw. verrundet wurden. Auf diesen Fahrgestellen entstanden neben Kraftfahrspritzen (KS) 25 auch zahlreiche von Magirus in Ulm erstellte Drehleitern mit 26 m Auszugslänge. Unter der langen Motorhaube arbeitete ein Sechszylinder-Deutz-Diesel mit Wasserkühlung, 9112 ccm Hubraum und 125 PS Leistung. Auch diese Modelle erwiesen sich als außerordentlich solide und langlebig, wie das Beispiel dieses restaurierten und museal erhaltenen Exemplars der Freiwilligen Feuerwehr Datteln beweist.

Verwendungszweck:	*Löschgruppenfahrzeug LF 8-TSA*
Fahrgestelltyp:	*Opel-Blitz 1,75 t*
Baujahr:	*1957*
Leistung der Pumpe:	*800 l/min*
Löschwasservorrat:	*–*

Das klassische, in den 1950er Jahren von den freiwilligen Feuerwehren in der Bundesrepublik beschaffte LF 8 war der 1 3/4-Tonner von Opel. Auf diesem sehr erfolgreichen Schnelllastwagenchassis entstanden sehr viele Löschfahrzeuge dieser Gewichtsklasse, an deren Herstellung sich nahezu alle Feuerwehrausrüster des Landes beteiligten. Zusammen mit dem einachsigen Tragkraftspritzenanhänger (TSA), auf dem die 800-l/min-Tragkraftspritze verlastet war, bildete dieses Fahrzeug eine Einheit, die einen selbstständigen Löschangriff ausführen konnte. Traditionsgemäß verfügte auch dieser Opel über einen in diesem Fall 58, später 62 PS starken Vergasermotor. Dieses Gespann entstand bei der Firma Miesen in Bonn.

Verwendungszweck:	*Löschgruppenfahrzeug LF 16*
Fahrgestelltyp:	*Mercedes-Benz LF 311/42*
Baujahr:	*1958*
Leistung der Pumpe:	*1600 l/min*
Löschwasservorrat:	*800 l*

Mit seinem mittelschweren 3,5-t-Fahrgestell konnte Daimler-Benz in den 1950er Jahren auch im Feuerwehrfahrzeugbau in dieser Klasse in Führung gehen. Bis zum Beginn des darauffolgenden Jahrzehnts wurden in erster Linie von Metz/Karlsruhe auch viele Löschgruppenfahrzeuge LF 16 auf diesem Basisfahrgestell errichtet. Hier ein solches Fahrzeug der Freiwilligen Feuerwehr Brake mit Sechszylinder-100-PS-Dieselmotor, das bereits über eine verrundete Panoramafrontscheibe verfügt.

Verwendungszweck:	*Löschgruppenfahrzeug LF 15*
Fahrgestelltyp:	*Magirus-Deutz (KHD) S 3500*
Baujahr:	*1955*
Leistung der Pumpe:	*1500 l/min*
Löschwasservorrat:	*800 l*

Im Jahr 1952 präsentierte Magirus erstmals die neuen Rund-hauber-Fahrgestelle, die länger als ein Jahrzehnt das Synonym für das klassische Magirus-Feuerwehrfahrzeug dieser Epoche werden sollten. Mit dem verrundeten Aufbau des TLF 15/50 korrespondierte diese neue Haubenform noch weitaus besser als früher. Dabei bildeten Fahrgestell und Aufbau in der sogenannten Omnibuslinie in ästhetischer Hinsicht eine Einheit, wie sie nur selten im Karosseriebau erreicht worden ist. Beim LF 15 aber waren die Schiebeleiter und andere sperrige Ausrüstungsgegenstände beim besten Willen nicht mehr im Geräteaufbau unterzubringen, so dass nur die Lagerung auf dem Dach in Frage kam. Dieses von der Freiwilligen Feuerwehr Gummersbach beschaffte Fahrzeug wurde 1984 außer Dienst gestellt.

Verwendungszweck: *Tanklöschfahrzeug TLF 16-T*
Fahrgestelltyp: *Magirus-Deutz (KHD) F Mercur 125 A*
Baujahr: *1956*
Leistung der Pumpe: *1600 l/min*
Löschwasservorrat: *2800 l*

Eine Abart des TLF 16 stellte das ebenfalls von niedersächsischen Wehren häufig beschaffte TLF 16-T dar. Oft auch als Waldbrand-TLF bezeichnet, wurden diese Modelle fast ausschließlich mit Allradantrieb geliefert. Der Unterschied zum „normalen" TLF bestand im vergrößerten Wasservorrat und der Ausstattung mit einem Wenderohr, was aber zu Lasten von Besatzungsstärke und Geräteausstattung – hier vor allem des Schlauchvorrats – ging. Ihr Aufbau erfolgte von Metz und Magirus hauptsächlich auf Fahrgestellen von Daimler-Benz und Magirus. Das abgebildete Fahrzeug verfügt über einen luftgekühlten Sechszylinder-Diesel mit 125 PS.

Verwendungszweck:	*Tanklöschfahrzeug TLF 16-T*
Fahrgestelltyp:	*Mercedes-Benz LAF 311/36*
Baujahr:	*1955*
Leistung der Pumpe:	*1600 l/min*
Löschwasservorrat:	*2800 l*

Auf dem 3,5-t-Allradfahrgestell von Daimler-Benz mit kurzem Radstand errichtete die damals noch als Feuerwehrausrüster tätige Firma Graaff in Elze bei Hannover dieses TLF 16-T für die Freiwillige Feuerwehr Lastrup. Diese Tanklöschfahrzeuge hatten nur drei Mann Besatzung, was im Einsatz verschiedentlich zu Problemen führen konnte. Als Wasserzubringerfahrzeuge waren sie noch bis in die 1980er Jahre für Einsätze abseits der Straßen unverzichtbar.

Verwendungszweck:	*Drehleiter DL 30 h*
Fahrgestelltyp:	*Magirus-Deutz (KHD) S 6500*
Baujahr:	*1959*
Leistung der Pumpe:	–
Löschwasservorrat:	–

Eine hydraulisch angetriebene DL 30 h orderte die Berufsfeuerwehr Bremerhaven bei Magirus in Ulm auf einem 6,5-t-Magirus-Fahrgestell und veräußerte sie in den 1970er Jahren an die Freiwillige Feuerwehr Riegelsberg im Saarland. Das Fahrzeug verfügt über einen luftgekühlten V-Achtzylinder-Diesel mit 10 644 ccm Hubvolumen und 170 PS Leistung. Diese Baugröße war für eine 30-m-Leiter zwar nicht unbedingt erforderlich, man erreichte aber mit ihr bei schnellen Alarmfahrten deutlich bessere Fahreigenschaften und eine ungleich größere Standsicherheit im Einsatz.

Verwendungszweck:	Trocken-Tanklöschfahrzeug
	TroTLF 16
Fahrgestelltyp:	Magirus-Deutz (KHD) F Mercur 145 A
Baujahr:	1961
Leistung der Pumpe:	1600 l/min
Löschwasservorrat:	1500 l

Ein ursprünglich von der Berufsfeuerwehr München beschafftes allradgetriebenes TroTLF 16 mit Magirus-Aufbau und Total-Pulverlöschanlage mit 750 kg Inhalt setzte die Freiwillige Feuerwehr Wartenberg-Angersbach in Hessen noch im Jahre 1997 ein. Das Fahrzeug war mit zwei Schnellangriffseinrichtungen für Wasser und Pulver ausgerüstet. Der luftgekühlte Sechszylinder-V-Dieselmotor leistete 145 PS. Bevor das Fahrzeug 1975 an diese Wehr verkauft wurde, diente es mit ausgebauter Pulverlöschanlage noch bei der Freiwilligen Feuerwehr München.

Verwendungszweck:	*Gerätewagen-Wasserrettung GW-W*
Fahrgestelltyp:	*Magirus-Deutz (KHD) F Mercur 125 A*
Baujahr:	*1959 (Umbau in den*
	1970er Jahren)
Leistung der Pumpe:	*–*
Löschwasservorrat:	*–*

Auf dem Fahrgestell eines früheren Magirus-TLF 16 mit Allradantrieb entstand – zusammen mit einem von der Deutschen Bundespost preiswert erworbenen Kofferaufbau eines ehemaligen Paketpostwagens – dieser hier gezeigte GW-Wasserrettung der Berufsfeuerwehr Kaiserslautern. Dieser Gerätewagen zählt zur Gruppe der nicht genormten sonstigen Gerätewagen, die für besondere Aufgaben von den Wehren weitgehend individuell gestaltet und ausgerüstet werden können. Das Fahrzeug verfügt über den bei diesem Magirus-Chassis üblichen luftgekühlten Sechszylinder-V-Diesel mit 125 PS. Nicht nur kleine Wehren griffen sehr oft zu derart kostengünstigen Lösungen, um beispielsweise ältere Fahrgestelle noch nutzbringend verwenden zu können.

Deutschland

Verwendungszweck:	*Kranwagen KW 15*
Fahrgestelltyp:	*Mercedes-Benz LA 315 S*
Baujahr:	*1957*
Leistung der Pumpe:	–
Löschwasservorrat:	–

Weit weniger Markterfolg als Magirus hatte Metz als Hersteller von Kranfahrzeugen. Der an die Berufsfeuerwehr Ludwigshafen gelieferte KW 15 (die werksseitige Bezeichnung lautete R 15) blieb ein Einzelstück. Errichtet wurde das Fahrzeug auf einem dreiachsigen Daimler-Benz-Allrad-Exportchassis, das von einem sechszylindrigen Dieselmotor mit 10 810 ccm Hubraum und 192 PS angetrieben wird. Im geräumigen Fahrer- und Mannschaftsraum ist Platz für sechs Personen. Die von Demag installierte elektromotorische Krananlage besitzt eine Hubkraft von 15 t. Zuletzt stand dieses Fahrzeug bei der Freiwilligen Feuerwehr Montabaur im Dienst, wo es in erster Linie für Unfall-Bergungsaufgaben auf der Autobahn Frankfurt–Köln verwendet wurde. Heute gehört es einem Sammler.

Verwendungszweck:	*Löschgruppenfahrzeug LF 16-TS*
Fahrgestelltyp:	*Mercedes-Benz LF 322/42*
Baujahr:	*1962*
Leistung der Pumpe:	*1600 l/min*
Löschwasservorrat:	*–*

Die Freiwillige Feuerwehr Metzingen erwarb dieses von der Firma Ziegler in Giengen aufgebaute und ausgerüstete LF 16-TS auf einem hinterradgetriebenen Mercedes-Benz-Kurz-hauber-Chassis mit langem Radstand. Diese Löschfahrzeug-variante ist speziell für die Überlandlöschhilfe ausgerüstet und besitzt daher im Vergleich zum regulären LF 16 eine Vor-baupumpe zum leichteren Anfahren von offenen Wasserent-nahmestellen und anstatt der üblicherweise fest installierten Feuerlöschpumpe im Fahrzeugheck eine eingeschobene Tragkraftspritze TS 8/8. Zur Erledigung dieser Aufgaben ist die Bestückung mit Schlauchmaterial und Armaturen sehr reichhaltig.

Verwendungszweck:	*Löschgruppenfahrzeug LF 16*
Fahrgestelltyp:	*MAN 415 H-LF*
Baujahr:	*1965*
Leistung der Pumpe:	*1600 l/min*
Löschwasservorrat:	*800 l*

Der Feuerwehrausrüster Bachert in Kochendorf baute auch Löschgruppenfahrzeuge LF 16 auf mittelschwere MAN-Fahrgestelle. Dieses von der Freiwilligen Feuerwehr Süsterseel/Kreis Heinsberg beschaffte Fahrzeug stand bei dieser Wehr bis 1997 im Einsatz und wird heute als Museumsfahrzeug erhalten. Gegenüber dem TLF besitzt das mit konventionellem Klapptürenaufbau erstellte Fahrzeug den längeren Radstand von 4,20 m.

Verwendungszweck:	*Löschgruppenfahrzeug LF 16*
Fahrgestelltyp:	*Magirus-Deutz (KHD) F*
	Magirus 150 D 10
Baujahr:	*1965*
Leistung der Pumpe:	*1600 l/min*
Löschwasservorrat:	*800 l*

Zu Beginn der 1960er Jahre lösten die Eckhauber-Modelle bei Magirus die bisherigen Rundhauber ab. Auch diese Fahrgestelle, die ein weiteres Jahrzehnt des Magirus-Feuerwehrfahrzeugbaus prägten, fanden bei den Wehren in großen Stückzahlen Verwendung. Die Feuerwehraufbauten erfolgten durchweg in der abgesetzten Bauweise mit voneinander getrennten Mannschafts- und Geräteräumen. Hier ein LF 16 der Berufsfeuerwehr Duisburg, das zu Beginn der 1980er Jahre allerdings bereits auf Reserve stand. Sein Antrieb erfolgte über ein luftgekühltes Sechszylinder-Dieselaggregat mit 150 PS.

Verwendungszweck:	*Gelenkmastbühne GM 26*
Fahrgestelltyp:	*Mercedes-Benz L 2224*
	(nach Umbau)
Baujahr:	*1966 (Umbau 1976)*
Leistung der Pumpe:	–
Löschwasservorrat:	–

Die Berufsfeuerwehr Stuttgart war die erste deutsche Feuerwehr, die einen Gelenkmast beschaffte. Dieses Fahrzeug war eine Simon-SS-85-Gelenkmastbühne auf einem Kurzhauber-Chassis von Mercedes-Benz. Die britische Firma Simon Engineering war damals führend in diesem Segment. Die von ihr erstellte dreiteilige Gelenkbühne verfügte über einen Korb mit 360 kg Tragfähigkeit. Sie konnte auf 26 m bei 6,30 m Ausladung ausgefahren werden. Da sich im Lauf ihres Einsatzes der Hinterachsbereich für den schweren Aufbau als zu schwach erwiesen hatte, erfolgte zehn Jahre später ein Totalumbau. Im Zuge dieser Arbeiten wurde eine zweite Hinterachse hinzugefügt und die bisherige Truppkabine durch ein Staffelfahrerhaus ersetzt. Infolge der Gewichtszunahme wurde ein neuer 240-PS-Dieselmotor installiert. Nach Aussonderung im Jahr 1988 fuhr dieses Einzelstück mit eigener Kraft in das Feuerwehrmuseum in Fulda.

Verwendungszweck:	*Saugwagen*
Fahrgestelltyp:	*Magirus-Deutz (KHD) 170 D 12 AK*
Baujahr:	*1971*
Leistung der Pumpe:	–
Löschwasservorrat:	–

Im Jahr 1970 erschien eine völlig neu gestaltete Eckhauber-Modellreihe von Magirus. Diese in unterschiedlichen Motorausführungen erhältlichen Fahrzeuge hatten sowohl neue Fahrerkabinen als auch Motorhauben erhalten. In Deutschland fanden diese Fahrgestelle nur in Ausnahmefällen Verwendung, so wie dieser von der Firma Aurepa für die Freiwillige Feuerwehr Ettlingen auf einem 12-t-Allradkipperchassis aufgebaute Saugwagen. Sein Aufbau besteht aus zwei nebeneinander liegenden Behältern mit je 1500-l-Fassungsvermögen, in denen Flüssigkeiten und Rückstände unterschiedlicher Art nach Art eines Kanalsaugwagens aufgenommen werden können. Das Fahrgestell verfügt über einen direkteinspritzenden V-6-Dieselmotor mit 8482 ccm Hubraum und 170 PS Leistung.

Verwendungszweck:	*Hilfeleistungs-Tanklösch*
	fahrzeug HLF 24/50-7
Fahrgestelltyp:	*Mercedes-Benz L 2632/32 + 13 AK*
Baujahr:	*1980*
Leistung der Pumpe:	*2400 l/min*
Leistung der Pumpe:	*5000 l*

Um den steigenden Anforderungen durch schnell wachsende Gefahrenpotenziale bei sinkendem Personalbestand Rechnung tragen zu können, stellten einige Berufsfeuerwehren seit Ende der 1960er Jahre sogenannte Hilfeleistungs-Löschfahrzeuge in Dienst. Diese auf die örtlichen Verhältnisse zugeschnittenen, erheblich von der Norm abweichenden Fahrzeuge transportierten neben einem größeren Löschmittelvorrat eine umfangreiche Ausrüstung für technische Hilfeleistung. Ab 1976 beschaffte die Berufsfeuerwehr Duisburg insgesamt sieben HLF 24/50-7, die bei der Wehr anfangs als TLF 5000 H bezeichnet wurden. Der Aufbau erfolgte von Bachert auf dreiachsigen Mercedes-Benz-Allradkipper-Fahrgestellen. Das 18-t-Chassis verfügt über einen Zehnzylinder-Direkteinspritzer-Diesel in V-Form, der bei 15 950 ccm Hubraum 320 PS leistet und das Fahrzeug maximal 90 km/h schnell bewegen kann. Die Besatzung besteht aus sechs Mann; zusätzlich befinden sich 700 l Mehrbereichsschaummittel an Bord.

Verwendungszweck:	*Hilfeleistungs-Tanklösch*
	fahrzeug TLF 24/50-25
Fahrgestelltyp:	*Mercedes-Benz 2636 A (8 x 6)*
Baujahr:	*1984*
Leistung der Pumpe:	*2400 l/min*
Löschwasservorrat:	*5000 l*

Mit 9,45 m Länge zählte dieses von Bachert erstellte vierachsige Hilfeleistungs-Tanklöschfahrzeug der Berufsfeuerwehr Duisburg seinerzeit zu den größten Feuerwehrfahrzeugen in Deutschland. Wiederum ist es kein Normfahrzeug, das über sechs Mann Besatzung und eine Hoch-Niederdruckpumpe FP 24/8 – 2,5/40 und 2500 l Schaummittel verfügte. Eine zusätzliche Beladung für technische Hilfeleistungen und ein fest installierter Generator für 10 kVA sowie ein Lichtmast mit vier Flutlichtscheinwerfern mit jeweils 1500 Watt waren vorhanden. Das verwendete mächtige Mercedes-Benz-Allradchassis verfügt über einen in V-Form angeordneten Zehnzylinder-Direkteinspritz-Diesel mit 18 270 ccm Hubvolumen und 355 PS bei 2300 U/min. Da sich das Fahrzeug aufgrund von Größe und Fahrverhalten nicht sonderlich bewährte, blieb es ein Einzelstück.

Verwendungszweck:	*Drehleiter mit Soforteinstieg*
	DLK 23-12 SE
Fahrgestelltyp:	*Mercedes-Benz L 1628 F*
Baujahr:	*1987*
Leistung der Pumpe:	–
Löschwasservorrat:	–

Mit einem Drehleitermodell mit Soforteinstieg (DLK 23-12 SE) präsentierte Metz im Jahr 1980 eine völlig neue Variante eines Hubrettungsfahrzeugs. Dabei war der Drehkranz der Leiter unmittelbar hinter dem Fahrerhaus angeordnet, so dass der Leiterpark nach hinten abgelegt werden konnte. Um den hinteren Überhang so kurz wie möglich zu halten, entschied sich Metz für einen fünfteiligen Leitersatz. Der Rettungskorb konnte vom Boden aus sofort bestiegen werden. Mit dieser Bauweise fiel das neue Fahrzeug um 40 cm niedriger aus als eine Metz-Leiter in der Standardbauweise. Mit insgesamt 14 an deutsche Feuerwehren gelieferten Leitern war Metz damit weitaus weniger erfolgreich als Magirus mit ihren Modellen in Niedrigbauweise. Das hier gezeigte Fahrzeug ging als letztes Exemplar an die Berufsfeuerwehr Wuppertal. Es besitzt einen Dreimannkorb und einen Achtzylinder-Direkteinspritz-Diesel-V-Motor mit 14 620 ccm Hubraum und 280 PS Leistung.

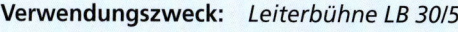
Verwendungszweck:	*Leiterbühne LB 30/5*
Fahrgestelltyp:	*Magirus-Deutz*
	FM 310 D 21 F (6 x 4)
Baujahr:	*1983*
Leistung der Pumpe:	*–*
Löschwasservorrat:	*–*

Im Jahr 1977 baute Magirus für die Berufsfeuerwehr Frankfurt eine Leiterbühne LB 30/5 mit fünfteiligem Leitersatz und nach vorn klappbarem Korb für vier Personen. Das Fahrzeug ist auf einem schweren Magirus-Dreiachs-Fahrgestell mit Zehnzylinder-Diesel und 305 PS Motorleistung errichtet worden und verfügte über eine variable Waagerecht-Senkrecht-Abstützung. Die LB 30 kann auch als Wasser- und Beleuchtungsmast eingesetzt werden. Bis 1986 wurden etwa 25 Fahrzeuge für verschiedene Feuerwehren im In- und Ausland gebaut. Dieses Exemplar ging and die Werksfeuerwehr der Firma Thyssen-Krupp-Stahl in Duisburg.

Verwendungszweck:	*Wechselladerfahrzeug WLF*
Fahrgestelltyp:	*MAN 27.365 VFAE (8 x 8)*
Baujahr:	*1984*
Leistung der Pumpe:	–
Löschwasservorrat:	–

Die Beschaffungen von Wechselladerfahrzeugen der Duis-
burger Berufsfeuerwehr wurden nach dem System von Meil-
ler getätigt. Aufgrund der in Duisburg herrschenden spezifischen Einsatzbedingungen, die eine besondere, über
den konventionellen Allradantrieb hinausgehende Gelände-
fähigkeit erforderten, entschied man sich für ein schweres,
hochgeländegängiges vierachsiges MAN-Fahrgestell in Bun-
deswehrausführung. Die motorische Bestückung mit Zehn-
zylinder-Direkteinspritz-V-Dieseln mit 18 300 ccm Hubvolumen und 365 PS war erheblich leistungsfähiger als beim
allradgetriebenen Vorgänger. Hier ist ein solches Fahrgestell mit dem Wechselabrollbehälter Löschpulver zu sehen.
Voll ausgerüstet wiegt das mit einer 8-t-Seilwinde von Rotzler
bestückte Fahrzeug 30 t.

Verwendungszweck:	*Flugfeldlöschfahrzeug*
	FLF 60/120
Fahrgestelltyp:	*MAN 36.1000 VFAEG (8 x 8)*
Baujahr:	*1992*
Leistung der Pumpe:	*6000 l/min*
Löschwasservorrat:	*12 000 l*

Die Firma Ziegler beteiligte sich seit 1991 mit dem Modell Z 8 am Bau von großen FLF für höchste Flugplatzkategorien nach ICAO. Zwei dieser auf MAN-Chassis mit einem 1000 PS starken V-Zwölfzylinder-Diesel mit 21 920 ccm Hubraum bestückten Fahrzeuge erhielt der Verkehrsflughafen Nürnberg im Jahr 1992. Die Höchstgeschwindigkeit liegt bei 140 km/h, die Beschleunigung von 0 bis 80 km/h aus dem Stand beträgt 19 Sekunden und die Steigfähigkeit des Fahrzeugs 60 %. Die zweistufige Feuerlöschkreiselpumpe wird von einem separaten MAN-Dieselmotor mit 278 PS angetrieben. Neben seinem Wasservorrat ist das 36-t-Fahrzeug mit 1500 l Schaummittel beladen. Schaumzumischeinrichtung, Bug- und Dachmonitor, Selbstschutzanlage und Schnellangriffseinrichtungen sind weitere Ausrüstungsmerkmale dieses bemerkenswerten Fahrzeugs.

Deutschland

Verwendungszweck:	*Hilfeleistungs-Löschfahrzeug HLF 16/20-2*
Fahrgestelltyp:	*Mercedes-Benz Econic 1828 L*
Baujahr:	*2000*
Leistung der Pumpe:	*1600 l/min*
Löschwasservorrat:	*2000 l*

Mit diesem auf einem luftgefederten Mercedes-Benz-Econic-Modell von Magirus in AluFire-Technik aufgebauten, äußerlich recht futuristisch wirkenden Fahrzeug, wurde auf der EXPO 2000 in Hannover ein völlig neues Konzept eines Hilfeleistungs-Löschfahrzeugs vorgestellt. Die Fahrzeuge haben ein zulässiges Gesamtgewicht von 16 t und sind mit zusätzlich gelenkter Hinterachse und 280 PS Dieselmotoren ausgerüstet. Zur Beladung gehört ein 200-l-Schaummitteltank. Neben dem Dachmonitor mit einer Leistung von 1600 l/min gehören eine vorn angebrachte 5-t-Seilwinde von Rotzler, ein Lichtmast mit zwei Flutlichtstrahlern zu je 1000 W und zwei Einmann-Schlauchhaspeln am Heck zur Ausrüstung.

Verwendungszweck:	*Drehleiter mit Korb DLK 23-12*
Fahrgestelltyp:	*Mercedes-Benz Econic 1828 L*
Baujahr:	*1998*
Leistung der Pumpe:	*–*
Löschwasservorrat:	*–*

Im Jahr 1998 ließ sich die Darmstädter Berufsfeuerwehr ihre DLK 23-12 auf ein Mercedes-Benz-Econic-Fahrgestell aufbauen. Es war das erste Chassis dieser Art, welches zum Bau dieser Metz-Drehleiter verwendet wurde. Das Fahrgestell besitzt 3,90 m + 1,40 m Radstand, ist mit einer lenkbaren Nachlauf-Hinterachse ausgerüstet und wird von einem Sechszylinder-Reihendiesel mit 280 PS Motorleistung angetrieben. Die Kabine dieses Sonderfahrgestells ist tiefergesetzt und der Einstieg erfolgt über nur eine Stufe. Automatikgetriebe und Luftfederung gehören zur serienmäßigen Ausstattung.

DDR

In der bis 1989 bestehenden Deutschen Demokratischen Republik – DDR – nahm die Entwicklung der Feuerwehrfahrzeuge einen etwas anderen Verlauf als in der Bundesrepublik Deutschland. Hier erfolgte der Start unter anderen Vorgaben und ungleich schwierigeren Rahmenbedingungen. Organisatorisch wurden die Feuerwehren von der dem Innenministerium unterstellten Hauptabteilung Feuerwehr zentral geführt. Die Feuerwehrfahrzeuge selbst wurden von einer Planungsgruppe aus dem Innenministerium entwickelt. Eine selbstständige Fahrzeugbeschaffung war den Feuerwehren nicht möglich; sie wurden den Wehren zentral zugewiesen. Ebenso verhielt es sich mit Sonderwünschen, die normalerweise nicht realisiert werden konnten. Dabei ist festzustellen, dass in der Zuteilung die ehemaligen Berufsfeuerwehren in der Regel bevorzugt wurden. Die freiwilligen Feuerwehren hingegen waren häufig unterversorgt und daher verstärkt auf Selbsthilfe angewiesen. Die in Volkseigenen Betrieben zusammengefassten Nutzfahrzeughersteller und Feuerwehrausrüster beschränkten sich im Feuerwehrfahrzeugbau auf relativ wenige Modelle, deren Grundtypen auch im Westen vertreten waren. So verhielt es sich beispielsweise mit LF 16 und TLF 16. Während es für diese Verwendungszwecke bei den Fahrgestellen in der Bundesrepublik der 1950er und 1960er Jahre reichlich Alternativen gab, stand in der DDR nur das robuste IFA-Horch-H 3 A- bzw. S 4000/4001-Chassis zur Verfügung, das zwischen 1953 und 1967 für Feuerwehraufbauten verwendet wurde. Manche Sonderfahrzeuge wie Geräte- und Rüstwagen waren im Typenprogramm nur vereinzelt vertreten.

Insgesamt erreichte die Zahl der in der DDR eingesetzten Sonder- und Spezialfahrzeuge, die überdies häufig noch importiert werden mussten, nicht entfernt die Vielfalt und Stückzahl der im Westen verwendeten Fahrzeuge. Daher war bei den Feuerwehren in den neuen Bundesländern nach der Wiedervereinigung ein großer Nachholbedarf namentlich bei dieser Fahrzeuggruppe zu verzeichnen.

Verwendungszweck:	*Kleinlöschfahrzeug KLF-TS 8*
Fahrgestelltyp:	*Barkas B 1000*
Baujahr:	*1972*
Leistung der Pumpe:	*–*
Löschwasservorrat:	*–*

Mit dem ab Mitte 1961 lieferbaren Transportermodell Barkas B 1000 stand der DDR-Wirtschaft erstmals ein modernes Fahrzeug in dieser Klasse zur Verfügung. Die Ausführung als Kastenwagen war die Basis für die sehr häufige Verwendung als Kleinlöschfahrzeug KLF-TS 8. Den Innenausbau dieses in der Hauptsache von freiwilligen Feuerwehren eingesetzten Fahrzeugtyps nahm der VEB Feuerlöschgerätewerk Görlitz vor. Neben einer Besatzung von fünf Mann bestand die Beladung aus der Tragkraftspritze TS 8/8. Der Transporter besaß den Dreizylinder-Zweitaktmotor des Wartburg-Pkw mit 46 PS Leistung. Hier ein von der Feuerwehr Leipzig eingesetztes Fahrzeug.

DDR

Verwendungszweck:	*Tanklöschfahrzeug TLF 15*
Fahrgestelltyp:	*Lkw 5 t Typ G5/2 (6x6)*
Baujahr:	*1959*
Leistung der Pumpe:	*1500 l/min*
Löschwasservorrat:	*2500 l*

Auf dem allradgetriebenen Dreiachsfahrgestell des Typs G5 entstanden ab 1953 im VEB Feuerlöschgerätewerk Jöhstadt etwa 130 geländegängige Tanklöschfahrzeuge TLF 15. Das Fahrgestell mit einem zulässigen Gesamtgewicht von 13 t verfügte über einen Sechszylinder-Wirbelkammer-Diesel mit anfangs 120, ab 1958 150 PS. Neben C- und B-Druckschläuchen und dem Wasservorrat im unverkleideten Tank wurden 200 l Schaummittel mitgeführt. Die dreistufige Vorbaupumpe besaß einen Zumischer, über den auch Schaumerzeugung möglich war. Dieses Fahrzeug ist mit einem Wenderohr bestückt.

Verwendungszweck:	*Löschfahrzeug -Tragkrafspritze*
	8-Schlauchtransportanhänger
	LF 8-TS 8-STA
Fahrgestelltyp:	*Robur LO 1800 A*
Baujahr:	*1965*
Leistung der Pumpe:	*–*
Löschwasservorrat:	*–*

Der Nachfolger des Robur Garant 30 K war das in Frontlenkerbauweise ausgeführte Modell Robur LO. Dieser im Volksmund als „Fischmaul" bezeichnete leichte Lkw wurde in der Variante LO 1800 A bei den Feuerwehren für die gleichen Einsatzzwecke verwendet. Der Antrieb erfolgte über einen 70 PS starken Vierzylinder-Vergasermotor mit 3345 ccm Hubvolumen. Neun Mann Besatzung und die Tragkraftspritze 8 bildeten das hauptsächliche Potenzial, mit dem das Fahrzeug am Einsatzort operieren konnte. Der Schlauchtransportanhänger fehlt auf diesem Bild.

Verwendungszweck:	*Löschfahrzeug LF 16-Chemie*
Fahrgestelltyp:	*IFA S 4000-1*
Baujahr:	*1964*
Leistung der Pumpe:	*1600 l/min*
Löschwasservorrat:	*50 l*

Eine Sonderausführung des LF 16 war das Löschfahrzeug LF 16 Chemie, das in kleinen Stückzahlen speziell bei Werksfeuerwehren der chemischen Industrie oder auch bei größeren Wehren eingesetzt wurde. Die Besatzung bestand aus einer Löschgruppe mit neun Mann. Die Beladung fiel zugunsten der chemischen Löschmittel geringer aus als beim Standard-LF 16. Zusätzlich zum Löschwasserbehälter bestand diese aus 200 l (ab 1964 300 l) Schaummittel und vier CO_2-Stahlflaschen mit zusammen 120 kg mit einer Hochdruckschlauchhaspel. Dieses von der Arbeitsgemeinschaft Feuerwehrhistorik Riesa erhaltene Fahrzeug gehörte früher zur Werksfeuerwehr des Chemiewerks Nünchritz.

Verwendungszweck:	*Drehleiter DL 30 h*
Fahrgestelltyp:	*IFA W 50 L/DL*
Baujahr:	*1968*
Leistung der Pumpe:	–
Löschwasservorrat:	–

Erst ab 1969 konnte man in der DDR eine DL 30 bauen, da mit dem Frontlenker IFA W 50 L erstmals ein dafür geeignetes Fahrgestell in der erforderlichen Gewichtsklasse zur Verfügung stand. Dieses Fahrzeug wurde im VEB Feuerlöschgerätewerk Luckenwalde produziert. Die ersten Fahrzeuge waren, wie dieses hier, noch mit den manuellen Schraubspindel-Abstützungen ausgeführt. Ab 1974 erfolgte dies über hydraulisch absenkbare Stützen. Die Leiter konnte sowohl als Lichtmast als auch mit einem Wendestrahlrohr ausgerüstet werden. Das abgebildete Fahrzeug ging ursprünglich an die Feuerwehr Leipzig und wird museal erhalten.

DDR

Verwendungszweck:	*Tanklöschfahrzeug TLF 16*
Fahrgestelltyp:	*IFA W 50 LA*
Baujahr:	*1971 (Umbau 1987)*
Leistung der Pumpe:	*2200 l/min*
Löschwasservorrat:	*2000 l*

Im Jahre 1969 folgte dem LF 16 das Tanklöschfahrzeug TLF 16 auf dem neuen W 50-Frontlenkerfahrgestell. Im Gegensatz zu jenem fand hier die Allradvariante Verwendung, damit das Fahrzeug auch im Gelände flexibler eingesetzt werden konnte. Das W 50-Chassis besaß einen Vierzylinder-Dieselmotor mit 6560 ccm Hubraum und 125 PS. Neben dem Wasservorrat gehörten 500 l Schaummittel zur Beladung. Ab 1985 wurde anstelle des in Gemischtbauweise erstellten Aufbaus ein modifiziertes TLF 16 mit Ganzstahlkoffer produziert. Dieses 1971 gebaute Fahrzeug wurde später zu einem derartigen GMK umgerüstet.

Verwendungszweck: *Pulverlöschfahrzeug PLF 6000*
Fahrgestelltyp: *Tatra 138*
Baujahr: *1971*
Leistung der Pumpe: *3200 l/min*
Löschwasservorrat: *–*

Mangels eigener schwerer Lastwagenfahrgestelle mussten auch Sonder-Tanklöschfahrzeuge importiert werden. Dabei griff man nach Möglichkeit auf Fahrgestelle aus den sozialistischen Bruderländern zurück. Bei der Beschaffung eines PLF 6000 für die Werksfeuerwehr des VEB Chemische Werke Buna in Schkopau entschied man sich für ein schweres Tatra 138-Dreiachs-Chassis mit 180 PS Motorleistung aus der CSSR und ließ darauf von Bachert und Total das hier gezeigte Pulverlöschfahrzeug erstellen. Die beiden Druckbehälter hatten ein Fassungsvermögen von jeweils 3000 kg Löschpulver. Das Fahrzeug verfügte über einen Pulvermonitor mit 60 m Wurfweite sowie ein kombiniertes Wasser-Schaum-Wendestrahlrohr mit einer Leistung von 2400 l/min bei 55 m Wurfweite. Da das PLF weder mit Wasser noch mit Schaummitteln beladen ist, ist es auf Fremdeinspeisung angewiesen.

ÖSTERREICH

Das österreichische Feuerwehrwesen fällt in den Zuständigkeitsbereich der Bundesländer. Es gibt Berufsfeuerwehren, freiwillige Feuerwehren und Betriebsfeuerwehren.

Auch in diesem Land hat der Brandschutz eine lange Tradition. So kann die im Jahr 1686 gegründete Wiener Feuerwehr für sich in Anspruch nehmen, die welterste Berufsfeuerwehr gewesen zu sein. Landesweit setzte allerdings erst in der ersten Hälfte des 19. Jahrhunderts eine nachhaltige Organisation des Feuerwehrwesens ein.

Die Motorisierung der Wehren begann um die Jahrhundertwende. Aufgebaut wurden die damaligen Fahrzeuge auf einheimische Produkte, aber auch auf manche ausländischen Fabrikate. Gleichfalls gut vertreten war in Österreich die Branche der Feuerwehrgeräte und -ausrüstungsindustrie.

Einen nachhaltigen Einschnitt in die Fahrzeugbeschaffung der österreichischen Wehren bedeutete der im Jahr 1938 erfolgte politische Anschluss an das Deutsche Reich. Es kam zu einer weitgehenden Angleichung der Fahrzeuge, wobei Neubeschaffungen nach deutschen Normen gebaut werden mussten.

Die Nachkriegsjahre waren gekennzeichnet durch vielerlei Improvisationen und Umbauten. So baute die Firma Rosenbauer bis etwa Ende der 1950er Jahre viele Opel-Blitz-Modelle, aber auch andere Fahrgestelle zu Feuerwehrfahrzeugen um. Etwa ab 1955 erschienen auch nach und nach die ersten Feuerwehrfahrzeuge auf Nachkriegsfahrgestellen. Favoriten dabei waren die mittelschweren Modelle der Steyr-Hauben-Fahrzeuggeneration mit Rosenbauer-Aufbauten.

Der mit weitem Abstand bedeutendste Hersteller von Feuerwehrfahrzeugen ist Rosenbauer. Dieses weltbekannte Unternehmen liefert ein komplettes Programm in jeder Größe. Der größte Teil der österreichischen Feuerwehrfahrzeuge stammt von diesem Hersteller. Daneben spielen die Feuerwehrausrüster Marte und Lohr eine Rolle.

Verwendungszweck:	*Leichtes Löschfahrzeug LLF*
Fahrgestelltyp:	*Mercedes-Benz L 1500*
Baujahr:	*1941*
Leistung der Pumpe:	*800 l/min*
Löschwasservorrat:	*–*

Zu den vereinheitlichten, den sogenannten getypten Feuerlöschfahrzeugen der Kriegszeit, zählte auch das Leichte Löschgruppenfahrzeug (LLG), das insgesamt in mehr als 3800 Einheiten gebaut wurde. Entsprechend zahlreich überlebten diese Fahrzeuge auch die Kriegswirren, und nicht nur in Österreich leisteten manche Exemplare bis weit in die 1980er Jahre treu und brav ihre Dienste. Während in Deutschland diese Fahrzeuge später als LF 8 bezeichnet wurden, lautete die analoge österreichische Einordnung LLF – Leichtes Löschfahrzeug. Hier ein von Rosenbauer aufgebautes Exemplar der Freiwilligen Feuerwehr Mattighofen mit nachträglich angebauter Vorbaupumpe. In diesem Fall wurde noch das ältere L 1500-Fahrgestell von Mercedes-Benz verwendet, das aber schon den 60-PS-Sechszylinder-Vergasermotor mit 2594 ccm Hubraum des nachfolgenden, äußerlich modifizierten Typs L 1500 S besaß.

Verwendungszweck:	*Leichtes Löschfahrzeug/*
	Allradantrieb LFA
Fahrgestelltyp:	*Steyr 1500 A (4 x 4)*
Baujahr:	*1942*
Leistung der Pumpe:	–
Löschwasservorrat:	–

Dieses Leichte Löschfahrzeug LFA wurde ursprünglich als Gruppen- und Mannschaftswagen bei der Wehrmacht eingesetzt. Im Jahr 1950 erfolgte die Umrüstung zu einem Feuerwehrwagen durch die Firma Rosenbauer. Den Antrieb dieses allradgetriebenen Fahrzeugs besorgte ein luftgekühlter Achtzylinder-V-Vergasermotor mit 3517 ccm Hubraum und 85 PS. Der Wagen beförderte eine Löschgruppe mit neuen Einsatzkräften und befand sich noch im Jahr 1985 bei der Betriebsfeuerwehr Autexa in Neufeld/Burgenland, vormals Hanf-, Jute- u. Textilit-Industrie AG, im aktiven Dienst.

Verwendungszweck:	*Tanklöschfahrzeug TLF 2000*
Fahrgestelltyp:	*Steyr-Diesel Typ 380*
Baujahr:	*1957*
Leistung der Pumpe:	*1600 l/min*
Löschwasservorrat:	*2000 l*

In einigen wenigen Fällen komplettierte Metz in Karlsruhe auch Steyr-Haubenfahrgestelle zu Tanklöschfahrzeugen. Hier ein solches Fahrzeug der Freiwilligen Feuerwehr Braunau/Inn, das neben dem Löschwasservorrat auch 60 l Schaummittelkonzentrat an Bord hat. Zwischen der Staffelkabine und dem abgesetzten Geräteaufbau befindet sich eine Dehnfuge, die einmal als Spritzwasserschutz diente, andererseits auch möglichen Karosserieverwindungen bei unebenen Untergründen vorbeugen soll. Eine gesteigerte Bedeutung fiel diesen Verbindungen aber nur bei allradgetriebenen Fahrzeugen zu; bei Fahrzeugen mit Hinterradantrieb waren sie vergleichsweise selten.

Verwendungszweck:	*Tanklöschfahrzeug/*
	Allradantrieb TLFA 4000
Fahrgestelltyp:	*Mercedes-Benz LAF 322/36*
Baujahr:	*1962*
Leistung der Pumpe:	*1600 l/min*
Löschwasservorrat:	*4000 l*

Auch für dieses allradgetriebene Tanklöschfahrzeug war die Firma Rosenbauer als Aufbauhersteller verantwortlich. Eingesetzt wurde es noch im Jahr 1997 beim Löschzug Amras der Freiwilligen Feuerwehr Innsbruck. Das mittelschwere Mercedes-Benz-Kurzhauber-Chassis verfügt über einen Sechszylinder-Vorkammer-Dieselmotor mit 5675 ccm Hubraum und 126 PS Leistung. Auf dem Aufbau des mit einer Truppkabine ausgerüsteten Wagens befinden sich Steckleiterteile und ein Wenderohr.

Verwendungszweck:	*Tanklöschfahrzeug/*
	Allradantrieb TLFA 4000
Fahrgestelltyp:	*Hanomag-Henschel F 150 AK II 320*
Baujahr:	*1974*
Leistung der Pumpe:	*2400 l/min*
Löschwasservorrat:	*4000 l*

In den 1970er Jahren wurden auch verschiedentlich allradgetriebene Hanomag-Henschel-Fahrgestelle von Rosenbauer mit Tanklöschaufbauten versehen. Diese Modelle zeichnen sich durch einen sehr kurzen Radstand aus, wodurch eine ausgezeichnete Geländegängigkeit erreicht wird. Das bereits unter Mercedes-Regie entstandene Fahrzeug bringt 14,8 t zulässiges Gesamtgewicht auf die Waage. Den Antrieb besorgt ein Sechszylinder-Diesel mit 8720 ccm Hubraum und 192 PS. Stationiert war das Fahrzeug bei der Freiwilligen Feuerwehr Seefeld in Tirol. Auf dem Dach befindet sich ein Rosenbauer-Monitor.

Österreich

Verwendungszweck:	*Universallöschfahrzeug ULF*
Fahrgestelltyp:	*Steyr 1490*
Baujahr:	*1980*
Leistung der Pumpe:	*3200 l/min*
Löschwasservorrat:	*2000 l*

Für die Betriebsfeuerwehr des OMV-Zentraltanklagers in Lobau wurde dieses von Rosenbauer auf einem Steyr-Drei-achs-Frontlenkerchassis erstellte Universallöschfahrzeug beschafft. Dieses sehr kompakte Fahrzeug transportiert drei Löschmittel: 2000 l Wasser, 2000 l Schaum und 3000 kg Pulver. Die Pulverlöschanlage stammt von Total in Ladenburg. Mit dieser Beladung ist das Fahrzeug für alle eintretenden Brandrisiken gerüstet. Die Fortbewegung des Fahrzeugs geschieht mit Hilfe eines Achtzylinder-V-Diesels mit 320 PS.

Verwendungszweck:	*Tanklöschfahrzeug/*
	Allradantrieb TLFA 3000
Fahrgestelltyp:	*Titan TR 15.280 (4 x 4)*
Baujahr:	*1988*
Leistung der Pumpe:	*3000 l/min*
Löschwasservorrat:	*3000 l*

Mitte der 1980er Jahre entwickelte Rosenbauer einen unter
dem Namen Falcon bekannt gewordenen neuen Löschfahrzeugtyp. Er besaß niedrige und breite Einstiege für Atem-
schutzgeräteträger, niedrige Geräteentnahmehöhen, eine
an der Fahrzeugfront angeordnete Pumpe mit Druckabgän-
gen nach vorn sowie das Hochdrucklöschverfahren. Das auf
einem Titan-Niederrahmen-Fahrgestell mit permanentem
Allradantrieb und von einem Sechszylinder-Mercedes-Benz-
Turbodieselmotor mit 280 PS Motor angetriebene Fahrzeug
befördert in seiner aus Leichtmetall gebauten Kabine sechs
Mann Besatzung. Das abgebildete Fahrzeug besitzt eine
unterhalb der Frontscheibe befindliche kombinierte Nor-
maldurch-/Hochdruckpumpe, die mit 3000 l/min bei 10 bar
oder 350 l/min bei 40 bar betrieben werden kann.

Verwendungszweck:	*Drehleiter DL 25 m*
Fahrgestelltyp:	*Steyr-Diesel Typ 380*
Baujahr:	*1960*
Leistung der Pumpe:	–
Löschwasservorrat:	–

Ein Steyr-Diesel-Hauberfahrgestell zur Basis erhielt diese mechanische Metz DL 25, die von der Freiwilligen Feuerwehr Braunau/Inn erworben wurde. Das Chassis besitzt einen wassergekühlten Vierzylinder-Diesel mit 5322 ccm Hubraum und 95 PS bei 2300 U/min. Dieses Drehleiterfahrzeug gehört zu den relativ wenigen Einheiten mit 25 m Steighöhe, die auf diesen Steyr-Trägerfahrgestellen errichtet wurden. Die Drehleiter verfügt über Fallspindeln und wird mittels Zahnkranz und Kette aufgerichtet.

Verwendungszweck:	*Gelenkmastbühne GB 20*
Fahrgestelltyp:	*Steyr-Diesel Typ 680*
Baujahr:	*1969*
Leistung der Pumpe:	–
Löschwasservorrat:	–

Gelenkmastbühnen waren bei österreichischen Feuerwehren nicht übermäßig häufig. Zu den Ausnahmen zählte diese Nummela-Gelenkmastbühne des Typs Skylift NS 19-3 mit 20 m Arbeitshöhe und Rosenbauer-Fahrzeugaufbau auf einem Steyr-Frontlenker-Allradchassis mit 150 PS Sechszylinder-Diesel und 5975 ccm Hubraum. Auf dem Podium befindet sich eine Rosenbauer-Tragkraftspritze TS 8/8. Die Gelenkmastbühne stand bei der Freiwilligen Feuerwehr Seefeld/Tirol im Dienst.

Verwendungszweck:	*Drehleiter DLK 23-12*
	(DL 30 mit Korb)
Fahrgestelltyp:	*Steyr Typ 16 S 26 (4 x 4)*
Baujahr:	*1995*
Leistung der Pumpe:	–
Löschwasservorrat:	–

Ähnlich wie in der Schweiz sind auch bei österreichischen Feuerwehren allradgetriebene Drehleitern überproportional häufig zu finden. Damit wird der besonderen Topografie des Landes mit ihren langen, oftmals schneereichen Wintern Rechnung getragen. Die Freiwillige Feuerwehr Imst beschaffte eine von Metz erstellte und mit neuem Drehschemel ausgerüstete DLK 23-12 PLC mit Klappkorb für drei Personen auf einem solchen Steyr-Frontlenker-Fahrgestell. Dieses für 16 t zulässigem Gesamtgewicht ausgelegte und mit einem 260 PS starken Steyr-Dieselmotor bestückte Fahrzeug ist mit einem Truppfahrerhaus ausgebildet. Während die Leitertechnik und das Abstützsystem von Metz ausgeführt wurde, war der in Vorarlberg ansässige Feuerwehrausrüster Marte für den Bau des Podiums und der Kabinenausrüstung verantwortlich.

Verwendungszweck:	*Kranfahrzeug KF 16*
Fahrgestelltyp:	*Saurer Typ 210*
Baujahr:	*1967*
Leistung der Pumpe:	–
Löschwasservorrat:	–

Eine ganz seltene Erscheinung ist dieses 16-t-Kranfahrzeug auf einem schweren Saurer-Frontlenkerchassis, das im Jahr 1997 bei der Freiwilligen Feuerwehr Aspang am Wechsel angetroffen wurde. Ein ähnliches Fahrzeug besitzt die Feuerwehr Gloggnitz am Semmering, das dort einen Tatra-Kranwagen mit 9 t Hubkraft ersetzte. Während für den hydraulischen Kranaufbau die Firma Kirsten verantwortlich war, beteiligte sich Rosenbauer durch Aufbau der Doppelkabine und der gering gehaltenen feuerwehrtechnischen Ausrüstung an der Ausgestaltung des Fahrzeugs.

Verwendungszweck:	*Abschleppkranwagen ASL*
Fahrgestelltyp:	*Scania P 144 G 530*
Baujahr:	*2000*
Leistung der Pumpe:	–
Löschwasservorrat:	–

Auf einer der im Jahr 1996 erstmals vorgestellten neuen Sca-
nia-Modellpalette der Serie 4 entstand dieser formschöne
vierachsige Abschlepp- und Bergekranwagen der Berufsfeuerwehr Wien. Dieses mächtige Fahrzeug mit seinem
hohen R-Fahrerhaus, den beiden gelenkten Vorderachsen
und dem Automatikgetriebe besitzt mit dem installierten
530-PS-Turbodiesel gleichzeitig das stärkste Antriebsaggregat dieser Baureihe. Für den Karosserieaufbau war die Firma
Tischer, für die Erstellung der Krananlage die Firma Jerr-Dan
zuständig. In erster Linie wird das Fahrzeug für schwere
Abschlepp- und Bergearbeiten bei Verkehrsunfällen, z. B.
bei verunfallten Fernlastern, eingesetzt. Zu diesem Zweck
ist eine starke Seilwinde im Fahrzeugheck montiert.

Verwendungszweck:	*Flugplatzlöschfahrzeug FLF*
Fahrgestelltyp:	*ÖAF 26.604 DFAE (6 x 6)*
Baujahr:	*2001*
Leistung der Pumpe:	*4000 l/min*
Löschwasservorrat:	*5000 l*

Für den Feuerschutz auf dem Bundesheer-Fliegerhorst Nittner bei Graz wurde für die dortige Betriebsfeuerwehr dieses auf einem schweren ÖAF-Dreiachs-Frontlenker-Allradfahrgestell mit 604 PS-Diesel aufgebaute Flugplatzlöschfahrzeug beschafft. Der Aufbau auf dem mächtigen, recht üppig motorisierten 26-t-Chassis erfolgte durch die Firma Rosenbauer. Die Beladung besteht aus Löschwasser und 1000 l Schaummittelkonzentrat, das mit Hilfe der kombinierten, mit einem Zumischer ausgerüsteten Hoch- und Niederdruckpumpe über die Monitore abgegeben werden kann. Im Niederdruckbetrieb leistet die Pumpe 4000 l/min bei 10 bar, während sie 300 l/min bei 40 bar als Hochdruckpumpe erzeugen kann. Die Österreichische Automobilfabrik ÖAF ging bereits 1938 eine Verbindung mit MAN ein, die ab Mitte der 1970er Jahre auch äußerlich erkennbar wurde.

✚ SCHWEIZ

In der Schweiz ist das Feuerwehrwesen eine Aufgabe der Gemeinden bzw. der kantonalen Verwaltungen. Vertreten sind Berufs- und freiwillige, Werks- und Betriebsfeuerwehren. Die Feuerwehren des Landes zeichnen sich durch Tradition, aber auch durch eine moderne und zweckmäßige Ausrüstung und Ausbildung aus. Die Motorisierung der Wehren begann schon früh im 20. Jahrhundert. So erhielt die Berufsfeuerwehr Bern 1911 ihr erstes Löschfahrzeug auf einem Saurer-Fahrgestell mit fest installierter Sulzer-Pumpe. 1920 beschaffte diese Wehr ihre erste Autodrehleiter (eine Holzleiter mit Stahlverspannung) mit 26 m Auszugslänge auf einem Magirus-Fahrgestell. Dieses Fahrzeug stand bis 1956 im Dienst.

In der Folgezeit beschafften viele Schweizer Feuerwehren sowohl Fahrzeuge auf einem Chassis einheimischer als auch ausländischer Herkunft. Aus dem eigenen Land waren es hauptsächlich die Fabrikate Saurer, Berna und FBW, aber auch andere, die für Feuerwehraufbauten in Frage kamen. Im übrigen kann das kleine Land eine vergleichsweise große und nicht unbedeutende Feuerwehrgeräte- und Nutzfahrzeugindustrie vorweisen. Firmen wie Brändle, Schenk, Ehrsam, Geser, Mowag, Rusterholz, Fega, Vogt und zahlreiche kleinere Aufbauhersteller tragen dazu bei, die Schweizer Wehren mit Norm- und Sonderfahrzeugen zu versorgen.

Die Beschaffung von Tanklöschfahrzeugen setzte in der Schweiz erst relativ spät ein. Im Jahr 1956 war es wiederum die Berufsfeuerwehr Bern, die als erste Schweizer Wehr ein von Magirus gebautes TLF in Dienst stellte. Seither ist auch diese Fahrzeugart bei den Schweizer Wehren zu einem unentbehrlichen Instrument der Brandbekämpfung geworden. Nachdem Saurer, Berna und FBW über keine eigene Nutzfahrzeugproduktion mehr verfügten, werden heute Serienfahrzeuge im Ausland beschafft, die jedoch vielfach von der heimischen Feuerwehrgeräteindustrie individuell ausgebaut werden.

Verwendungszweck:	*Wasserzubringerfahrzeug und Straßensprengwagen*
Fahrgestelltyp:	*FBW Typ Z*
Baujahr:	*1928*
Leistung der Pumpe:	*2400 l/min*
Löschwasservorrat:	*7000 l*

Im Jahr 1985, zum Zeitpunkt der Aufnahme, war der abgebildete Tankwagen auf FBW-Fahrgestell das vermutlich älteste Einsatzfahrzeug einer Schweizer Wehr. Bis 1957 war der, zeitlebens bei der Freiwilligen Feuerwehr Emmen beheimatete, Wagen mit einem Henschel-Sechszylinder-Vergasermotor ausgerüstet. Seither treibt ihn ein sparsamerer Sechszylinder-Reihen-Diesel mit 8500 ccm Hubraum und 85 PS an. Ebenso wurde der ursprünglich nur 4000 l fassende Tank im Jahr 1967 durch einen solchen mit 7000 l Inhalt ersetzt. Die Stadtverwaltung Emmen beschaffte den Tankwagen für den Kommunaleinsatz, um ihn gleichzeitig als Straßensprengund Feuerwehrwagen verwenden zu können. Am Rahmenende ist eine kombinierte Normal- und Hochdruckpumpe von Schenk angeordnet. Die Umlackierung auf Feuerwehrrot erfolgte erst in den frühen 1980er Jahren.

Verwendungszweck:	*Tanklöschfahrzeug TLF 16/24*
	Magirus-Deutz (KHD)
Fahrgestelltyp:	*F Mercur 125 A*
Baujahr:	*1961*
Leistung der Pumpe:	*1600 l/min*
Löschwasservorrat:	*2400 l*

Erst mit der Beschaffung eines Tanklöschfahrzeugs von Magirus durch die Berufsfeuerwehr Bern fand dieser, seit Kriegsende in der Bundesrepublik Deutschland so verbreitete Löschfahrzeugtyp Eingang in die Schweizer Wehren. Seither sind die Magirus-Rundhauber in größerer Stückzahl geordert worden. Dieses Mitte der 1980er Jahren von der Berner Feuerwehr noch als Reservefahrzeug eingesetzte allradgetriebene TLF 16/24 ist dem westdeutschen TLF 16 sehr ähnlich. Abweichend von diesem besitzt der Wagen Trilexräder an der Vorderachse.

Verwendungszweck:	*Tanklöschfahrzeug TLF 28/24*
Fahrgestelltyp:	*Saurer 2 DM*
Baujahr:	*1966*
Leistung der Pumpe:	*2800 l/min*
Löschwasservorrat:	*2400 l*

Der Feuerwehrausrüster Vogt in Oberdiessbach lieferte dieses auf einem Saurer-Allrad-Haubenfahrgestell aufgebaute Tanklöschfahrzeug an die Freiwillige Feuerwehr Chur. Die Feuerlöschkreiselpumpe stellte die Firma Ziegler in Giengen. Neben dem Löschwasservorrat befinden sich 300 l Schaummittelkonzentrat als Dachbeladung in den gelben Kanistern auf dem Fahrzeug. Unter der langen Motorhaube mit seiner verchromten Kühlerattrappe arbeitete ein Sechszylinder-Diesel mit 8720 ccm Hubraum und 160 PS Leistung.

Schweiz

Verwendungszweck:	*Universallöschfahrzeug ULF*
Fahrgestelltyp:	*Iveco-Magirus 340 E 52*
Baujahr:	*1998*
Leistung der Pumpe:	*4200 l/min*
Löschwasservorrat:	*5100 l*

Ein kompakter Gigant auf einem schweren Iveco-Vierachs-Fahrgestell mit 340 PS starken Achtzylinder-Turbodiesel-V-Motor und zwei gelenkten Vorderachsen ist dieses von der Firma Rusterholz in Richterswil für die Freiwillige Feuerwehr Uster im Kanton Zürich aufgebaute Universallöschfahrzeug. Dieses Fahrzeug befördert neben einem ansehnlichen Wasservorrat 1500 l Schaummittel und verfügt über eine 1500-kg-Pulverlöschanlage. Mit diesen gebräuchlichsten Lösch- und Sonderlöschmitteln ist das Fahrzeug für nahezu alle Einsatzsituationen gerüstet. Außerdem befindet sich am Rahmenende eine kombinierte Hoch- und Niederdruck-Feuerlöschkreiselpumpe für 4200 l/min bei 8 bar und 300 l/min bei 40 bar.

Verwendungszweck:	*Autodrehleiter ADL 37 m*
Fahrgestelltyp:	*Mercedes-Benz LF 5000/48*
Baujahr:	*1954*
Leistung der Pumpe:	*–*
Löschwasservorrat:	*–*

Eine beeindruckende Erscheinung mit der dekorativen Chromkühlerattrappe und den vorderen Trilexrädern ist zweifelsohne diese von Metz auf einem Mercedes-Benz-Langhauber gebaute Autodrehleiter mit 37 m Auszugslänge. Für Leiterhöhen ab 30 m waren aufgrund der größeren Anforderungen an Standfestigkeit und Straßenlage bei Alarmfahrten in der Regel schwerere Fahrgestelle erforderlich. Diese an die Feuerwehr Fribourg gelieferte 10,7 t schwere Leiter besaß einem Sechszylinder-Vorkammer-Diesel mit 125 PS Leistung. Die große Staffelkabine war im rückwärtigen Dachbereich verrundet, damit der Leiterstuhl eine Drehung von 360° vollziehen konnte. Das bestens gepflegte Fahrzeug zählte auch noch zu Beginn der 1990er Jahre zum Einsatzbestand.

Verwendungszweck:	*Autodrehleiter ADL 30 h*
Fahrgestelltyp:	*Saurer Typ 5 DF*
Baujahr:	*1966*
Leistung der Pumpe:	–
Löschwasservorrat:	–

Parallel zu den Haubenmodellen bot der renommierte Schweizer Lkw-Hersteller Adolph Saurer in den 1960er Jahren auch Frontlenkerfahrgestelle an, die sich durch ihre verrundete Kabinenform auszeichneten. Diese wurden durch den Zusatzbuchstaben „F" kenntlich gemacht. Die Berufsfeuerwehr Zürich erwarb 1966 eine von Metz gebaute hydraulische Autodrehleiter mit 30 m Steighöhe mit Staffelfahrerhaus auf einem solchen Fahrgestell. Für den Antrieb des 16-t-Fahrzeugs war der Sechszylinder-Saurer-Diesel CT 2 DL m mit 8720 ccm Hubvolumen zuständig, der 192 PS bei 2000 U/min erzeugen konnte.

Verwendungszweck:	*Autodrehleiter ADL 30 h*
Fahrgestelltyp:	*Saurer Typ 5 DF*
Baujahr:	*1972*
Leistung der Pumpe:	–
Löschwasservorrat:	–

Etwas neueren Datums ist diese von Metz auf einem Saurer-Frontlenkerfahrgestell für die Feuerwehr Chur gebaute ADL 30 mit Rettungskorb. Die Innenausrüstung übernahm die Maschinenfabrik Aebi & Co AG in Burgdorf, die sich auch mit Feuerwehrbedarf befasst. Das jetzt mit 18 t zulässigem Gesamtgewicht klassifizierte Frontlenkerfahrzeug erhielt eine leicht modifizierte Fahrzeugfront. Das Sechszylinder-Diesel-Antriebsaggregat mit 192 PS hingegen wurde unverändert beibehalten.

Schweiz

Verwendungszweck:	*Autodrehleiter ADL 30 mit Korb*
Fahrgestelltyp:	*MAN 14.285 LAC*
Baujahr:	*2002*
Leistung der Pumpe:	*–*
Löschwasservorrat:	*–*

An die Freiwillige Feuerwehr Egg ging diese auf einem MAN-Frontlenker-Allradfahrgestell aufgebaute Metz-Drehleiter des Typs L 26. Das Fahrzeug besitzt eine mittellange Kabine, ein ZF-Automatikgetriebe und einen 280 PS starken Dieselmotor. Die DLK 18-12 entspricht dem Metz-Standard mit der stufenlosen waagrecht-senkrecht Abstützung, dem vierteiligen Stahlleitersatz und dem Überklappkorb für maximal 270 kg Belastung. Nicht uninteressant ist die limonengrüne Lackierung – ein Trend, der bei vielen Neubeschaffungen in der Schweiz, insbesondere in den Kantonen Zürich, Neuchatel und Tessin, vor allem dann zu registrieren ist, wenn die Gebäudeversicherungen Zuschüsse für die Fahrzeugbeschaffungen zahlen.

Verwendungszweck:	*Ölwehrfahrzeug*
Fahrgestelltyp:	*Saurer Typ 5 DM*
Baujahr:	*1980*
Leistung der Pumpe:	*–*
Löschwasservorrat:	*–*

Der Baseler Karosseriebetrieb Heimburger stellte ab 1970 auch Feuerwehraufbauten her, deren Verbreitung sich allerdings auf die Umgebung beschränkte. Von dieser Firma stammt auch dieses an die Feuerwehr Baden auf einem Saurer-Haubenmodell gelieferte Ölwehrfahrzeug. Die motorische Bestückung besteht aus einem Sechszylinder-Diesel mit 250 PS. In dem geräumigen Kofferaufbau dieses gelb lackierten Fahrzeugs sind alle notwendigen Geräte und Ausrüstungsgegenstände vorhanden, die bei Ölunfällen und Unglücken mit anderen Gefahrengütern erforderlich sind. Am Heck ist ein seitlich abstützbarer Kran vorhanden.

Verwendungszweck:	*Flugplatzlöschfahrzeug FLF*
Fahrgestelltyp:	*Mercedes-Benz LAK 2620 (6 x 6)*
Baujahr:	*1966*
Leistung der Pumpe:	*2500 l/min*
Löschwasservorrat:	*8000 l*

Bei der Betriebsfeuerwehr des Flughafens Bern-Belp stand 1996 ein im Jahr 1980 vom Züricher Verkehrsflughafen Kloten übernommenes Flugplatzlöschfahrzeug mit Metz-Aufbau im Dienst. Sein Aufbau erfolgte auf einem schweren Mercedes-Benz-Allradkipperfahrgestell mit Sechszylinder-Diesel mit direkter Kraftstoffeinspritzung, 10 810 ccm Hubraum und 210 PS bei 2200 U/min. Neben dem großen Löschwasservorrat werden 800 l Schaummittelkonzentrat mitgeführt. Das Fahrzeug besitzt einen Rammschutz vor dem Kühler. Die mittig angeordnete und bedienbare Feuerlöschkreiselpumpe besitzt einen Vormischer. Hinter der Truppkabine für drei Mann befindet sich ein Rosenbauer-Monitor.

Verwendungszweck:	*Pionierwagen*
Fahrgestelltyp:	*Saurer D 330*
Baujahr:	*1984*
Leistung der Pumpe:	–
Löschwasservorrat:	–

Das Nachfolgemodell des 1958 gebauten Baseler Magirus-Rüstkranwagens RKW 10, der 1984 an eine Werksfeuerwehr veräußert worden war, wurde dieser Pionierwagen mit Kran, dessen Beladung in absetzbaren Containern gelagert war. Der schwere, vierachsige Saurer-Frontlenker mit zwei gelenkten Vorderachsen hat einen dreifach teleskopierbaren Effer-Kran, der über den Hinterachsen angeordnet ist. Er kann bei 4 m Ausladung 15 t heben und bei 8,30 m Ausladung immerhin noch 7 t. Am Kranarm befindet sich eine zweite Winde mit 5 t Leistung, die bis zu einer Tiefe von 40 m arbeiten kann. Am Heck befindet sich eine 15-t-Rotzler-Treibmatic Bergungswinde.

FRANKREICH

Auch in Frankreich hat das Feuerwehrwesen eine lange Tradition. Wesentliche Impulse gingen auf Napoleon Bonaparte zurück, der aus Armeepionieren, den Sapeurs, eine Feuerlöschbrigade für den Pariser Brandschutz zusammenstellte und ausbilden ließ. Damit war der Anfang zur berühmten Brigade Sapeurs Pompiers getan, wie die französische Feuerwehr noch heute genannt wird. Nicht nur in Paris, sondern im ganzen Land, vor allem aber in den größeren Städten, erfolgte eine rasche Weiterentwicklung des Feuerlöschwesens von den Handdruck- über die Dampfspritzen bis hin zu motorisierten Pumpen und Fahrzeugen. Bis zum Beginn des Ersten Weltkriegs hatte man einen hohen Grad der Motorisierung erreicht. Erleichtert wurde die Ausrüstung mit modernen Feuerwehrfahrzeugen durch eine sehr leistungsfähige Fahrzeugindustrie. Zahlreiche große und kleinere Hersteller wie Camiva, Riffaud, Gugumus, Maheu-Labrosse und Sides stellten Standard- und Sonderfahrzeuge aller Art her. Auch die Lkw-Industrie ist mit Fabrikaten wie Renault, Citroën und Saviem weit entwickelt. Heute ist die Firma Renault der unangefochtene Marktführer. Importiert werden auch ausländische Feuerwehrfahrzeuge, vor allem auf Mercedes-Benz- und Iveco-Fahrgestellen.

Eine Besonderheit in Frankreich sind die Tanklöschfahrzeuge mit offenliegenden Pumpenaggregaten und Löschwassertank. Ein nicht unerheblicher Teil dieser Modelle rekrutiert sich aus dem großen Fundus ehemaliger Militärfahrzeuge, vor allem von der US-Armee aus der Zeit des Zweiten Weltkriegs.

Im übrigen ist das Brandschutzwesen in Frankreich dem Innenministerium unterstellt. Es gibt Berufsfeuerwehren in den Großstädten, freiwillige Feuerwehren auf dem Land und in kleineren Städten sowie Werks- und Betriebsfeuerwehren. Dazu kommen besonders im Süden des Landes einige militärisch verwaltete und organisierte Feuerwehreinheiten, so in den Städten Paris, Marseille und Toulon.

144

Verwendungszweck:	*Waldbrandlöschfahrzeug,*
	Camion citerne forêts CCF
Fahrgestelltyp:	*GMC CCKW 353 (6 x 4)*
Baujahr:	*1950*
Leistung der Pumpe:	*800 l/min*
Löschwasservorrat:	*3000 l*

Ein Waldbrandlöschfahrzeug – Véhicule pour feux de forêts – stand im Jahr 1984 bei der freiwilligen Feuerwehr Saint-Avold im Einsatzdienst. Dieses in Eigenbau von den Wehrmännern umgebaute Fahrzeug besitzt ein offenes Fahrerhaus mit Segeltuchverdeck. Vor dem Löschwasserbehälter ist eine mit festem Behelfsdach geschützte Mannschaftssitzbank angebracht. Die Feuerlöschkreiselpumpe ist am Heck angeordnet. An der linken Seite ist eine Schnellangriffseinrichtung montiert.

Verwendungszweck:	*Waldbrandlöschfahrzeug,*
	Camion citerne forêts CCF
Fahrgestelltyp:	*Berliet GLA 5*
Baujahr:	*1955*
Leistung der Pumpe:	*1200 l/min*
Löschwasservorrat:	*2500 l*

Das Berliet-Frontlenker-Fahrgestell GLA wurde erstmals im März 1950 vorgestellt. Aufgrund seiner Gewichtsklasse wurde es in großem Umfang auch für Feuerwehraufbauten der unterschiedlichsten Verwendungszwecke benutzt. Auch das hier gezeigte Modell, ein Tanklöschfahrzeug mit Fahrer- und Mannschaftskabine für sechs Einsatzkräfte des Service d'Incendie Bavay, entstand auf einem solchen Fahrgestell. Eher ungewöhnlich sind an diesem Fahrzeug die Trilexräder an der Vorderachse. Der Wassertank ist – wie es bei französischen Fahrzeugen häufig vorkommt – im unteren Bereich umkleidet.

Verwendungszweck:	*Tanklöschfahrzeug,*
	Fourgon pompe tonne FPT
Fahrgestelltyp:	*Berliet GLB 19 A*
Baujahr:	*1955*
Leistung der Pumpe:	*1000 l/min*
Löschwasservorrat:	*3000 l*

Diesen auf mittelschweren Berliet-Frontlenker-Fahrgestellen aufgebaute Tanklöschfahrzeugtyp konnte man früher relativ oft in Frankreich antreffen. Aufbau und Ausrüstung dieses beim Service d'Incendie Beaurainville stationierten Fahrzeugs erfolgte durch Berliet im eigenen Hause. Im Heck befand sich eine Feuerlöschkreiselpumpe PA 82 mit einer Leistung von 1000 l/min. Der Löschwassertank ist mit einer mehr als halbhohen Verkleidung versehen, hinter der sich Stauräume für Ausrüstungsgegenstände befinden.

Frankreich

Verwendungszweck:	*Hilfeleistungs-Tanklöschfahrzeug HTLF*
Fahrgestelltyp:	*Renault G 210*
Baujahr:	*1986*
Leistung der Pumpe:	*2000 l/min*
Löschwasservorrat:	*1000 l*

Bei diesem Kombinationsfahrzeug der Berufsfeuerwehr Paris handelt es sich um ein von dem Feuerwehrausrüster Sides auf einem Renault-Frontlenker aufgebautes Modell mit Standard-Lkw-Fahrerhaus für drei Mann und großem Kofferaufbau. Das Fahrzeug verfügt über einen Sechszylinder-Turbodiesel mit 210 PS. Im rückwärtigen Teil des Aufbaus befindet sich sowohl eine leistungsstarke 2000-l/min-Feuerlöschkreiselpumpe, die mit einem Druck von 15 bar arbeitet, als auch eine Schnellangriffseinrichtung mit Hochdruckschlauch sowie zwei Schlauchhaspeln. Darüber hinaus befindet sich ein Löschwassertank sowie technisches Gerät, vor allem in Hinblick auf Unfallhilfe im Straßenverkehr, auf dem Fahrzeug.

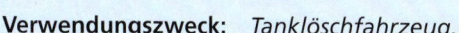
Verwendungszweck:	*Tanklöschfahrzeug,*
	Fourgon pompe tonne FPT
Fahrgestelltyp:	*Citroën 600*
Baujahr:	*1966*
Leistung der Pumpe:	*1500 l/min*
Löschwasservorrat:	*3200 l*

Hier ein Tanklöschfahrzeug des Service d'Incendie Fressenne-
ville auf einem Citroën-600-Frontlenker-Fahrgestell. Dieses
Chassis mit seiner futuristisch, zumindest aber sehr individuell gestalteten Front wurde in den 1960er Jahren gebaut. Der
Aufbau erfolgte bei der Firma Maheu-Labrosse. Auch bei diesem mit einer Doppelkabine für sechs Mann Besatzung ausgerüsteten Fahrzeug befand sich die Feuerlöschkreiselpumpe
hinter dem Tank am Rahmenende.

Verwendungszweck:	*Waldbrandlöschfahrzeug,*
	Camion citerne forêts CCF
Fahrgestelltyp:	*Mercedes-Benz Unimog 416 (4 x 4)*
Baujahr:	*1977*
Leistung der Pumpe:	*500 l/min*
Löschwasservorrat:	*1700 l*

Natürlich erfreut sich der Mercedes-Benz-Unimog schon seit Jahrzehnten einer weiten Verbreitung unter den Waldbrand-Tanklöschfahrzeugen. Galten doch diese für nahezu jeden Einsatzzweck geeigneten, voll geländegängigen Fahrzeuge als besonders zuverlässig. Der Service d'Incendie Molsheim machte da keine Ausnahme und hatte dieses von Camiva aufgebaute Exemplar in seinem Fahrzeugbestand. Sein Sechszylinder-Reihen-Diesel mit 5675 ccm Hubraum stellte bei 2800 U/min 125 PS zur Verfügung.

Verwendungszweck:	*Drehleiter DL 24 m, Échelle 24 m*
Fahrgestelltyp:	*Citroën P 55 U*
Baujahr:	*1960*
Leistung der Pumpe:	–
Löschwasservorrat:	–

In einem ausgezeichneten Pflege- und Erhaltungszustand befand sich diese im Jahr 1984 bei der Werksfeuerwehr CDF Chimie E. P. in Carling angetroffene mechanische 24-m-Gugumus-Drehleiter, welche auf einem Citroën-Haubenfahrgestell mit 73-PS-Dieselmotor errichtet worden war. Auf der Oberleiter des vierteiligen Leitersatzes ist ein Schaumrohr abgelegt. An der rückwärtigen Wand des Fahrerhauses befindet sich eine offene Sitzbank für zusätzliche Einsatzkräfte.

Verwendungszweck:	*Drehleiter mit Korb DLK 30, Échelle 30 m*
Fahrgestelltyp:	*Renault G 230 Turbo*
Baujahr:	*1985*
Leistung der Pumpe:	–
Löschwasservorrat:	–

Eine DLK 30 des französischen Herstellers Riffaud mit vierteiligem Leitersatz auf einem Renault-Frontlenker-Basisfahrgestell beschaffte sich im Jahr 1985 der Service d'Incendie Poissy. Das Chassis verfügt über einen 240 PS-Turbodieselmotor. Um eine möglichst geringe Fahrzeugbauhöhe zu erreichen, hatte man die Fahrerkabine tiefergelegt und vor der Vorderachse platziert. Auf dem Podium hinter der Fahrerkabine befindet sich ein Gerätekoffer mit Lamellenverschlüssen. Weitere Staumöglichkeiten sind unterhalb des Podiums vorhanden.

Verwendungszweck:	*Drehleiter mit Korb*
	DLK 53, Échelle 53 m
Fahrgestelltyp:	*Mercedes-Benz Actros 2535*
Baujahr:	*2000*
Leistung der Pumpe:	–
Löschwasservorrat:	–

Das Spitzenmodell von Metz ist derzeit die große sechsteilige 53-m-Drehleiter mit einem an den Untergurten befestigten Fahrstuhl und einhängbarem Rettungskorb. Ein ehemaliger Großkunde für diese Giganten war die frühere Sowjetunion. Der Service Départemental d'Incendie der Stadt Metz beschaffte ebenfalls eine derartige, auf einem modernen Mercedes-Benz-Actros-Dreiachs-Chassis erbaute Leiter. Dieses Fahrgestell besitzt eine Nachlaufachse. Ein 354 PS starker Turbodiesel versetzt das Fahrgestell mit seinem zulässigen Gesamtgewicht von 25 t in Bewegung. Dieses beeindruckende Fahrzeug ist eine der höchsten Drehleitern Europas.

Frankreich

Verwendungszweck:	*Gerätewagen*
Fahrgestelltyp:	*Mercedes-Benz L 328 B*
Baujahr:	*1965/1968*
Leistung der Pumpe:	–
Löschwasservorrat:	–

Der Service d'Incendie Wissembourg besaß mit diesem Gerätewagen 3 auf einem schweren Mercedes-Benz-Kurzhauber-Dreiachsfahrgestell ein ganz seltenes Einzelstück. Dieses nicht im Handel erhältliche Fahrgestell wurde im Jahr 1965 im Werk Wörth entweder aus Restbeständen oder zu Versuchszwecken in Zusammenarbeit mit der Firma Metz zu einem Gerätewagen für die Werksfeuerwehr des Daimler-Benz-Werkes Wörth gebaut. Die Erstzulassung erfolgte erstaunlicherweise erst am 8.4.1968. Als Antrieb diente ein Sechszylinder-Direkteinspritz-Diesel mit Auflagung und 168 PS Leistung. Das Fahrzeug hat ein zulässiges Gesamtgewicht von 12 t, besitzt ein 20-kVA-Notstromaggregat, eine 5-t-Vorbauseilwinde und umfangreiches technisches Gerät. Für die Fahrerkabine gelangte bereits die serienmäßig ab 1968 gefertigte größere Frontscheibe zur Verwendung. Als zu Beginn der 1980er Jahre ein neues Fahrzeug erworben wurde, erfolgte der Verkauf des Gerätewagens nach Frankreich.

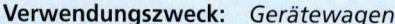

Verwendungszweck:	*Gerätewagen*
Fahrgestelltyp:	*Dodge T 214 WC 52 (4 x 4)*
Baujahr:	*1944*
Leistung der Pumpe:	*–*
Löschwasservorrat:	*–*

Dieses Fahrzeug des Service d'Incendie Lens ist ein ganz besonderes Unikat und gleichzeitig ein Indiz für das weltweite Erfindungs- und Improvisationsvermögen der Feuerwehren, wenn es um Eigenumbauten geht. Das Basisfahrgestell ist ein US-amerikanischer 3/4-t-Armeetruck Dodge WC 52 aus dem Zweiten Weltkrieg. Der ursprünglich nur mit einem Segeltuchverdeck geschlossene Fahrerplatz wurde irgendwann in den 1970er Jahren durch geschicktes Einfügen einer VW-Kombi-Typ-2-Kabine zu einer allseits geschlossenen Fahrerkabine aufgewertet. Die vorhandene Vorbauseilwinde dieses als Gerätewagen umgebauten Fahrzeugs wurde mit Hilfe eines auf zwei Dreiecksgerüsten gelagerten Trägers so angepasst, dass die Feuerwehrleute auch nach hinten arbeiten konnten.

SPANIEN

Der größte Teil Spaniens wird von der zentralen, zum Teil sehr trockenen Hochebene beherrscht. Daher ist die Gefahr von Flächen- und Waldbränden besonders groß. Wassermangel, vor allem in ländlichen Regionen, aber auch in den Städten, führt immer wieder zu erheblichen Problemen bei den Löschmaßnahmen. Daher sind Tanklöschfahrzeuge die wichtigsten und am häufigsten vertretenen Feuerwehrfahrzeuge im Lande. Ein wichtiger Unterschied zu den meisten europäischen Feuerwehrfahrzeugen ist die Ausrüstung mit gelben Rundumkennleuchten.

Eine über die Landesgrenzen hinweg bedeutende Feuerwehrfahrzeugindustrie ist in Spanien nicht vorhanden. Der bekannteste nationale Fahrzeug- und Aufbauhersteller Fimesa bot seinerzeit eine ausreichende Palette an Standardfahrzeugen an. Daneben besteht seit 1983 bei der Firma Rosenbauer Espanola S. A. eine Produktion von Feuerwehrfahrzeugen. Zeitweise trat auch Saval-Kronenburg in Erscheinung. Heute genießt der Anbieter Protec-Fire auf dem spanischen Markt die größte Bedeutung.

Der größte, aus der traditionsreichen Firma Hispano-Suiza im Jahr 1949 hervorgegangene spanische Lkw-Hersteller Pegaso ist der bedeutendste Nutzfahrzeugproduzent Spaniens. Seit 1990 wurde das Unternehmen in die Iveco-Gruppe integriert. Auf diesen in Barajas bei Madrid montierten Fahrgestellen mit ihrem früher sehr eigenwilligen Styling entsteht der größte Teil der spanischen Einsatzfahrzeuge der Feuerwehren. Daneben konnte der deutsche Feuerwehrausrüster Magirus in Spanien seine Position bei der Drehleiterbeschaffung festigen. Darüber hinaus trat Magirus in geringerem Umfang auch als Lieferant für andere Fahrzeugtypen hervor. So erhielt die Berufsfeuerwehr Barcelona im Jahr 1959 einen Rüstkranwagen RKW 10 auf Magirus-Rundhauber. Andere Importfahrzeuge machen nur einen unwesentlichen Teil des Feuerwehr-Fahrzeugparks in Spanien aus.

Verwendungszweck:	*Waldbrandlöschfahrzeug*
Fahrgestelltyp:	*Pegaso Typ 3046/10 (4 x 4)*
Baujahr:	*1987*
Leistung der Pumpe:	*1600 l/min*
Löschwasservorrat:	*3000 l*

Dieses Waldbrand-Tanklöschfahrzeug, stationiert im Parc Central der Bombers Palma de Mallorca, ist ein bei spanischen Feuerwehren sehr verbreitetes Modell. Den Aufbau auf diesem geländegängigen Militärfahrgestell besorgte das Rosenbauer-Zweigwerk Rosenbauer Española. Die Fahrzeuge stehen zur Bekämpfung der in diesem Land häufig auftretenden Wald- und Flächenbrände bereit und werden von der spanischen Naturschutzbehörde (PMM) zur Verfügung gestellt. Die Besatzung besteht aus fünf Einsatzkräften. Im übrigen wollte die Firma Pegaso diese Fahrgestelle im großen Stil als Militärlastwagen nach Ägypten verkaufen, was allerdings scheiterte.

Spanien

Verwendungszweck:	*Tanklöschfahrzeug*
Fahrgestelltyp:	*Pegaso Typ 2217 (4 x 4)*
Baujahr:	*1986*
Leistung der Pumpe:	*1600 l/min*
Löschwasservorrat:	*3500 l*

Bei der spanischen Feuerwehr – Bombers de Mallorca, Parc (Wache) Llucmajor – befindet sich dieses von Fimesa auf einem modernen Pegaso-Frontlenker aufgesetzte Tanklöschfahrzeug im Einsatzdienst. Dieses Fahrzeug mit seiner Sechs-Mann-Staffelkabine, dessen Beladung neben einem kleinen Schaummitteltank hauptsächlich aus Löschwasser besteht, hat ein zulässiges Gesamtgewicht von 14,8 t. Um auch außerhalb befestigter Straßen und Wege operieren zu können, ist das Fahrgestell mit Allradantrieb ausgestattet.

Verwendungszweck:	*Großtanklöschfahrzeug*
Fahrgestelltyp:	*Pegaso Typ 1091*
Baujahr:	*1977*
Leistung der Pumpe:	*1600 l/min*
Löschwasservorrat:	*8000 l*

Die Inselfeuerwehr von Mallorca der Wache Manacor war im Besitz mehrerer dieser, von Fimesa als Großtanklöschfahrzeug aufgebauter Pegaso-Frontlenker. Das 14,2 t schwere Fahrzeug besaß eine Standardkabine für drei Mann und einen großen ovalen Wassertank als Aufbau, auf dem Leitern und sperrige Ausrüstungsteile gelagert sind. Der Antrieb erfolgte durch einen wassergekühlten Sechszylinder-Diesel mit 10 400 ccm Hubraum, der 160 PS leisten konnte.

![Roter Pegaso-Frontlenker-Tanklöschfahrzeug der Feuerwehr Mallorca]

PORTUGAL

Portugal mit seiner langen Atlantikküste liegt auf der Iberischen Halbinsel im äußersten Westen Europas. Das Land ist überwiegend agrarisch strukturiert, wobei das milde Klima vor allem im südlichen Teil des Landes oft von Trockenheit begleitet wird. Waldbrände sind daher keine Seltenheit.

Diese Prämissen haben natürlich auf Aufgaben und Ausrüstung der Feuerwehren großen Einfluss. Die Bombeiros Volontarios, die freiwilligen Feuerwehren, tragen dabei die Hauptlast, da es im ganzen Land kaum mehr als ein halbes Dutzend Berufsfeuerwehren gibt. Diese sind militärisch organisiert. Daneben gibt es aber auch eine ganze Reihe von freiwilligen Feuerwehren mit hauptamtlichen Kräften sowie einige Betriebs- und Werksfeuerwehren.

Eine Fahrgestellindustrie ist im Lande nicht vorhanden. Daher laufen bei den portugiesischen Feuerwehren viele unterschiedliche Marken überwiegend amerikanischer oder englischer Herkunft. Bei den Drehleitern kann man Magirus und Metz, in letzter Zeit aber auch den französischen Hersteller Riffaud antreffen. Daneben gibt es eine kleinere Zahl regionaler Feuerwehrausrüster und Aufbauhersteller. Gleichwohl werden nicht selten Fahrzeuge überwiegend von den Wehren selbst oder durch kleine örtliche Firmen angefertigt oder umgebaut. Daneben werden vielfach in Deutschland als überaltert angesehene, aber noch durchaus verwendungsfähige Feuerwehrfahrzeuge nach Portugal abgegeben. Noch zu Beginn der 1990er Jahre befanden sich Fahrzeuge und Ausrüstung nicht immer auf dem neuesten Stand. Nachteilig waren außerdem die oft viel zu großen Einsatzgebiete der Wehren. In den letzten zehn Jahren sind sowohl manche organisatorische als auch ausrüstungsmäßige Verbesserungen zum Tragen gekommen. Zahlreiche neue Fahrzeuge und Geräte sind seither beschafft worden, so dass die heutigen portugiesischen Wehren insgesamt über einen relativ guten Ausrüstungsstand verfügen.

Verwendungszweck:	*Wasserzubringerfahrzeug*
Fahrgestelltyp:	*Mercedes-Benz LP 1620*
Baujahr:	*1966*
Leistung der Pumpe:	*–*
Löschwasservorrat:	*6000 l*

Ein für portugiesische Feuerwehren typisches Wasserzubringerfahrzeug ist dieser, gebraucht von den Bombeiros
Voluntarios Albufeira übernommene Tankwagen auf Mer-
cedes-Benz-Frontlenker mit der längeren kubischen Fahrerkabine. Dieses mit einer am Heck befindlichen Tragkraftspritze ausgerüstete und mit einem Sechszylinder-Diesel
mit 210 PS bestückte Modell besitzt noch das Überfüh-
rungskennzeichen.

ITALIEN

Die Feuerwehren Italiens sind auf Landesebene organisiert und unterstehen der Direktion des Zivilschutzes des Innenministeriums in Rom. Eine Ausnahmeregelung besteht bei einigen autonomen Provinzen wie z. B. Südtirol (Trentino). Man unterscheidet Berufs-, freiwillige und Werksfeuerwehren. Der nach wie vor größte Lastwagenhersteller des Landes ist die Firma Fiat in Turin. 1975 wurde die Iveco (Industrial Vehicle Corporation) als Zusammenschluss der Nutzfahrzeugbereiche von Fiat und Klöckner-Humboldt-Deutz (Magirus-Deutz) gegründet. Fiat brachte in die Holding die Lancia- und O.M.-Nutzfahrzeugproduktion ein.

Der größte Hersteller von Aufbauten für Feuerwehrfahrzeuge war die in Brescia ansässige Firma Baribbi. Zu Beginn der 1980er Jahre wurde der Betrieb liquidiert und von Magirus übernommen. Der Bau von Feuerwehraufbauten begann in enger Zusammenarbeit mit der österreichischen Firma Rosenbauer in den 1950er Jahren. So kamen etwa 90 % der zentral über das Innenministerium vergebenen Fahrzeugbeschaffungen aus dem Hause Baribbi. Mehr als 500 Fahrzeuge mit einem Exportanteil von bis zu 60 % verließen in früheren Zeiten jährlich das Werk. Man überließ dem Abnehmer nicht nur die Wahl des Fahrgestelltyps, sondern auch die des Pumpenherstellers. Die Produktpalette umfasste alle Fahrzeugarten – vom Kleinlöschfahrzeug bis hin zu großen Sonder-, Rüst- und Flugplatzlöschfahrzeugen.

Nach dem Verschwinden von Baribbi haben andere Hersteller von Feuerlösch- und Brandschutzgeräten die Rolle eingenommen. Da ist einmal die in Bareggio bei Mailand ansässige Firma Silvani zu nennen, die mittlerweile auch komplette Fahrzeugaufbauten montiert, sowie der Aufbauhersteller BAI (Brescia Antincendio International) aus Brescia. Bei der Beschaffung von Drehleitern ist Magirus bereits seit Beginn des 20. Jahrhunderts eine feste Größe im Geschäft.

Verwendungszweck:	*Tanklöschfahrzeug*
Fahrgestelltyp:	*O.M. Tigrotto 50*
Baujahr:	*1967*
Leistung der Pumpe:	*1600 l/min*
Löschwasservorrat:	*2000 l*

Dieses bei der Freiwilligen Feuerwehr Terlan bzw. Terlano in Südtirol stationierte Tanklöschfahrzeug besitzt einen Baribbi-Aufbau. Es ist ein typisches und häufig bei italienischen Wehren vertretenes Feuerwehrfahrzeug der 1960er und 1970er Jahre. Das mittelschwere O.M.-Frontlenkerchassis mit einem zulässigen Gesamtgewicht von 8 t und 92-PS-Dieselmotor ist mit Trilexrädern vorn sowie einer Staffelkabine für sechs Einsatzkräfte ausgerüstet. Neben Löschwasser befinden sich 100 l Schaummittel an Bord.

Verwendungszweck:	*Waldbrandlöschfahrzeug*
Fahrgestelltyp:	*Fiat 75 PC (4 x 4)*
Baujahr:	*1993*
Leistung der Pumpe:	*800 l/min*
Löschwasservorrat:	*3000 l*

Bei der Berufsfeuerwehr Mailand befindet sich dieses von Baribbi auf einem allradgetriebenen Fiat-Frontlenkerchassis aufgebaute Waldbrand-Tanklöschfahrzeug im Einsatz. Auf dem offenen Pritschenaufbau befindet sich ein unverkleideter und unlackierter Aluminiumtank für Löschwasser, eine am Heck angeordnete Feuerlöschkreiselpumpe sowie eine Schnellangriffseinrichtung. In der Kabine ist Platz für drei Mann.

Verwendungszweck:	*Drehleiter mit Korb DLK 50*
Fahrgestelltyp:	*Iveco-Magirus 330-35*
Baujahr:	*1988*
Leistung der Pumpe:	*–*
Löschwasservorrat:	*–*

Als einzige italienische Feuerwehr verfügt die Stadt Mailand über eine DLK 50 mit sechsteiligem Leitersatz, die auf einem mit Truppkabine ausgerüsteten schweren Iveco-Magirus-Frontlenker-Dreiachs-Chassis von Magirus geliefert wurde. Das Fahrgestell ist mit einem luftgekühlten V-Zehnzylinder-Direkteinspritz-Dieselmotor mit 15 945 ccm Rauminhalt und 330 PS Leistung bestückt. Sie ersetzte eine im Jahr 1960 gelieferte Drehleiter gleicher Auszugslänge.

LITAUEN

Das souveräne Litauen wurde 1940 von der Sowjetunion einverleibt und blieb anschließend bis zum Jahr 1991 als Sowjetrepublik Teil des Ostblocks. Seither ist Litauen als Republik wieder ein autonomer Staat, der neuerdings auch der EU angehört. Entsprechend der politischen Bindung und der räumlichen Nähe zur Sowjetunion sind auch viele Feuerwehrfahrzeuge sowjetischen Ursprungs. Nach der Selbstständigkeit kamen aber auch manche, früher in Westeuropa, Skandinavien und anderen Ländern eingesetzte, gebrauchte Feuerwehrfahrzeuge nach Litauen. Seit dem Jahr 2001 hat sich in Vilnius (Wilna) die Firma ISKADA auf den Bau von Feuerwehrfahrzeugen nach europäischem Standard spezialisiert. Sie verwendet in erster Linie russische und französische Fahrgestelle. Neue Feuerwehrfahrzeuge sind in Litauen bis heute allerdings noch eher die Ausnahme.

Unverkennbar sowjetischen Ursprungs sind Fahrgestell und Aufbau dieses allradgetriebenen Tankfahrzeugs AZ-3,0-40-Modell M-1 auf einem Ural 43206 (4 x 4)-Militärchassis, das in Miass produziert wird. Dieses von der Ural-AZ-Poshtechnika AG in Torzhok nordwestlich Moskaus gebaute Fahrzeug besitzt einen Achtzylinder-Direkteinspritz-Diesel-V-Motor von KamAZ mit 10850 ccm und 230 PS. Die Besatzung besteht aus sechs Mann, Löschwasservorrat 3000 l, Pumpleistung 2400 l/min.

Verwendungszweck:	*Tanklöschfahrzeug AZ-2,5-40*
Fahrgestelltyp:	*ZIL 131 (6 x 6)*
Baujahr:	*2002*
Leistung der Pumpe:	*2400 l/min*
Löschwasservorrat:	*2500 l*

Der neue litauische Feuerwehrausrüster ISKADA stellte dieses Tanklöschfahrzeug AZ-2,5-40 auf ZIL 131-Allradchassis her. Das Markenkürzel der in Moskau ansässigen Firma ZIL steht für Zavod Imieni Lichacheva. Unter der gerundeten Haube dieses robusten sowjetischen Dreiachs-Militärlastwagenfahrgestells arbeitet ein V-Achtzylinder-Vergasermotor mit 150 PS. Das TLF verfügt über eine Sechs-Mann-Kabine, hat ein einfach bereiftes Fahrwerk sowie eine Luftdruckregelungsanlage, die eine ausgezeichnete Beweglichkeit im Gelände garantiert.

Verwendungszweck:	*Schlauchfahrzeug AP 2*
Fahrgestelltyp:	*KamAZ 43105 (6 x 6)*
Baujahr:	*1998*
Leistung der Pumpe:	–
Löschwasservorrat:	–

Ein Schlauchfahrzeug des Typs AP-2(43105)215 – hergestellt beim Feuerwehraufbauhersteller und -ausrüster Poshmaschina in Priluki – entstand auf einem schweren KamAZ-Dreiachs-Frontlenker-Chassis und ist bei der Berufsfeuerwehr der litauischen Hauptstadt Vilnius im Einsatz. Das allradgetriebene Fahrzeug hat ein zulässiges Gesamtgewicht von 15,1 t, drei Mann Besatzung und verfügt über einen direkteinspritzenden V-Achtzylinder-Diesel mit 240 PS, der es auf maximal 90 km/h beschleunigen kann. Das Schlauchmaterial von insgesamt 2000 m wird mechanisch verlegt.

Verwendungszweck:	*Flugplatzlöschfahrzeug AA-60 (543)*
Fahrgestelltyp:	*MAZ-543 (8 x 8) Lkw 15 t*
Baujahr:	*1983*
Leistung der Pumpe:	*3600 l/min*
Löschwasservorrat:	*15 140 l*

Das erste Flugplatzlöschfahrzeug auf dem schweren Fahrge-
stell des Raketentransporters MAZ-543 entstand unter der
Bezeichnung AA-60 (543) im Jahr 1973 unter Regie der Firma
Poshmaschina in Priluki. Der MAZ-543 aus dem weißrussischen
Autowerk Minsk erschien erstmals im November 1964 in der
Öffentlichkeit und war gleichzeitig das schwerste Lkw-Fahrge-
stell der Roten Armee. Verwendet wurde dieses Chassis zum
Transport überschwerer Lasten, als Zugmaschine für Raketen-
transportanhänger und Panzertransport-Tieflader sowie als
Trägerfahrzeug und Startrampe für Mittelstreckenraketen.
Das rund 33 t schwere Fahrzeug ist mit einem Zwölfzylinder-
Dieselmotor in V-Form mit 38 880 ccm Hubraum und 525 PS
Leistung bestückt. Die Höchstgeschwindigkeit liegt bei
70 km/h, der Kraftstoffverbrauch zwischen 80 und 120 l Diesel
auf 100 Kilometer. Neben einem großen Wasservorrat besteht
die feuerwehrtechnische Beladung aus 850 l Schaummittel und
einem leistungsfähigen Monitor für die kombinierte Schaum-
Wasserabgabe. Die Feuerlöschkreiselpumpe wird von einem
separaten 180-PS-Motor angetrieben. Dieses mächtige Fahrzeug stand im Jahr 2002 auf dem Flughafen Vilnius im Einsatz.

POLEN

Die Sicherstellung des Brandschutzes wird in Polen durch Berufs-, Werks- und freiwillige Feuerwehren gewährleistet. Die Nutzfahrzeugentwicklung im Land hielt sich bis nach dem Zweiten Weltkrieg in engen Grenzen und beschränkte sich im Wesentlichen auf ausländische Lizenzbauten. Seither hat sich das Bild gewandelt, und mit Hilfe der Hersteller Star, Jelcz und Zuk ist man in der Lage, den wesentlichen Bedarf an Fahrgestellen auch im Bereich der Feuerwehraufbauten zu decken. Daneben gibt es auch noch viele Feuerwehrfahrzeuge sowjetrussischer und tschechischer Produktion und in den letzten Jahren in steigendem Maße auch auf west- und nordeuropäischen Fahrgestellen.

Die Feuerwehrfahrzeugindustrie in Polen ist in der Lage, den hauptsächlichen Bedarf an Einsatzfahrzeugen für polnische Wehren zu befriedigen. Sonder- und Großtanklöschfahrzeuge kommen nach wie vor aus Westeuropa, werden aber in zunehmendem Umfang auch im Lande gebaut und ausgerüstet. Im Drehleiterbereich sind die deutschen Firmen gut im Geschäft. Für die von dort bezogenen Leitersätze werden überwiegend Lkw-Fahrgestelle aus eigener Produktion, hier vor allem die Jelcz-Frontlenker, verwendet. Auch der französische Hersteller Camiva konnte mittlerweile in Polen erfolgreich Fuß fassen. Zwischen 1969 und 1989 kamen etwa 90 Drehleitern vom VEB Feuerlöschgerätewerk Luckenwalde, aus der früheren DDR. Mittlerweile werden von einem Hersteller in Koszalin Drehleitern und Gelenkmastbühnen mit Höhen bis zu 42 Metern im Lande gefertigt.

Musste man noch vor 20 Jahren Fahrzeugbestückung und Ausrüstung der meisten polnischen Wehren – abgesehen von den Feuerwehren in den Großstädten – oftmals als unzureichend und veraltet einstufen, gehört diese Ära inzwischen der Vergangenheit an. Nahezu alle Feuerwehren verfügen mittlerweile über weitgehend neues, zweckmäßiges Einsatzmaterial, das zum größten Teil im eigenen Land hergestellt wird.

Verwendungszweck:	*Tanklöschfahrzeug*
Fahrgestelltyp:	*Jelcz 422*
Baujahr:	*1995*
Leistung der Pumpe:	*3200 l/min*
Löschwasservorrat:	*5000 l*

Dieses Tanklöschfahrzeug auf Jelcz-Frontlenker mit Aufbau des Feuerwehrausrüsters Zaklady Samochodowe Jelcz in Jelcz wird nach der polnischen Terminologie als GCBA 5/32 bezeichnet. Das bei der Berufsfeuerwehr Nysa beheimatete Fahrzeug verfügt über eine Staffelkabine für sechs Mann und einen großen, abgesetzten Gerätekoffer mit Lamellenverschlüssen. Neben Löschwasser befinden sich 500 l Schaummittel an Bord. Die am Rahmenende befindliche leistungsstarke Feuerlöschkreiselpumpe arbeitet mit einem Druck von 10 bar.

Verwendungszweck:	*Universallöschfahrzeug*
Fahrgestelltyp:	*Star 14.227 LF Typ 662*
Baujahr:	*1999*
Leistung der Pumpe:	*2400 l/min*
Löschwasservorrat:	*2000 l*

Das hier gezeigte, als GBAPr 2/24/750 bezeichnete Universallöschfahrzeug der Berufsfeuerwehr Slubice, bei dem sich die drei Löschmittel Wasser, Schaum und Pulver an Bord befinden, ist damit für alle Brandrisiken bestens ausgerüstet. Auf diesem in Starachowice hergestellten und mit einer Staffelkabine versehenen Star-Frontlenkerfahrgestell befinden sich neben Wasser 200 l Schaummittel und eine 750 kg Pulverlöschanlage. Die Feuerlöschpumpe kann entweder mit Normal- oder Hochdruck (2400 l/min bei 8 bar bzw. 250 l/min bei 40 bar) betrieben werden.

Verwendungszweck:	*Beleuchtungsgerätewagen*
Fahrgestelltyp:	*ZuK A 14*
Baujahr:	*1990*
Leistung der Pumpe:	–
Löschwasservorrat:	–

Im Werk FSC in Lublin wird seit 1959 der Kleintransporter ZuK produziert, der mit unterschiedlichen Aufbauten erhältlich ist. Auf dem Feuerwehrsektor sind es überwiegend Kleinlösch- und Tragkraftspritzenfahrzeuge, für die dieses Fahrgestell Verwendung findet. Dieses Exemplar der Berufsfeuerwehr Slubice wurde von einem polnischen Hersteller mit dem Aufbau eines Beleuchtungsgerätewagen versehen, an dessen hydraulisch ausfahrbarem Mast acht Flutlichtscheinwerfer installiert sind. Daneben gehört ein Stromerzeuger zur Beladung des Fahrzeugs.

WEISSRUSSLAND

Mit dem Zerfall der ehemaligen Sowjetunion wurde aus der früheren Sowjetrepublik Weißrussland eine autonome Republik im Rahmen der GUS-Staaten mit Minsk als Hauptstadt. Ähnlich wie in der UdSSR ist auch hier der Brandschutz dem Innenministerium unterstellt. Die Fahrgestelle und Aufbauten sind hauptsächlich sowjetischen Ursprungs. Allerdings gibt es in zunehmendem Umfang auch Fahrzeuge aus Westeuropa und Skandinavien. Besonders deutsche Fahrzeuge werden – auch wenn sie etwas älter sind – gerne verwendet. Die Ausrüstung mit gänzlich neuen Fahrzeugen macht aufgrund fehlender finanzieller Mittel nur langsam Fortschritte.

Auf einem ZIL-5301-Serienfahrgestell wurde dieses von der Minsker Berufsfeuerwehr eingesetzte Schnellangriffsfahrzeug ABR-0,6/100 (5301) von der Belkommunmasch-Produktionsvereinigung aufgebaut. Dieses schnelle und wendige Löschfahrzeug befindet sich seit 1999 in der Produktion. Das Fahrzeug hat sieben Mann Besatzung, und ein Vierzylinder-Diesel mit 136 PS sorgt für den nötigen Vortrieb, die Leistung der Pumpe beträgt 1200 l/min und der Löschwassertank fasst 600 l.

Verwendungszweck:	*Autoleiter AL 50*
Fahrgestelltyp:	*Magirus-Deutz (KHD)*
	FM 310 D 22 F (6 x 4)
Baujahr:	*1982*
Leistung der Pumpe:	–
Löschwasservorrat:	–

Seit den frühen 1980er Jahren wurden zunehmend 50-m-Leitern bei Metz und Magirus geordert. Zwischen 1981 und 1995 wurden fast 40 Einheiten der DL 50 an die UdSSR und die Nachfolgestaaten von beiden Herstellern geliefert. Sie wurden ausschließlich von den Feuerwehren der großen Städte eingesetzt. Zu den ersten Magirus-Lieferungen der Jahre 1981/82 zählt auch dieses ursprünglich für die Berufsfeuerwehr Moskau noch auf dem alten Magirus-Deutz FM 310 D 22 F-Dreiachsfahrgestell errichtete Exemplar. Das mittlerweile von der Berufsfeuerwehr Minsk übernommene Fahrzeug ist mit Staffelkabine für sechs Einsatzkräfte ausgebildet und verfügt über den luftgekühlten Zehnzylinder-Direkteinspritz-V-Diesel des Typs KHD F 10 L 413 mit 14 702 ccm Hubvolumen und 305 PS Leistung. Diese mächtige Drehleiter hat einen sechsteiligen Leiterpark und wird mit Hilfe einer variablen Waagrecht-Senkrecht-Abstützung stabilisiert.

UKRAINE

Was für die bisher genannten GUS-Staaten gilt, trifft auch auf die seit 1991 wieder selbstständige Ukraine zu. Der Fahrzeugpark der ukrainischen Feuerwehren war und ist naturgemäß sehr stark an sowjetrussischen Fahrgestellen und Aufbauten orientiert. Ebenso langsam und zögerlich verläuft die Beschaffung von neuen Fahrzeugen, so dass dort auch heute noch viele zwar ältere, aber gepflegte Fahrzeuge aus der ehemaligen Sowjetunion neben manchen Modellen aus dem Westen Dienst tun.

Seit 1946 fertigten die Lichatschow-Automobilwerke Moskau den 4-t-Lkw ZIS 150 in beachtlichen Stückzahlen. Dieser Lkw war eine exakte Kopie des seit 1940 gefertigten US-amerikanischen Modells International K. Er hat einen Sechszylinder-Vergasermotor mit 5550 ccm und 90 PS. Auch für Feuerwehrzwecke fand dieses robuste Chassis häufig Verwendung. Dieses für russische Verhältnisse geradezu elegante Tanklöschfahrzeug des Typs AP mit Feuerlöschkreiselpumpe am Heck von 1955 hat 3000 l Löschwasservorrat und eine Pumpleistung von 1200 l/min. Die Besatzung bestand aus drei Mann.

Verwendungszweck:	*Autoleiter ALR-17 (51) LT*
Fahrgestelltyp:	*GAZ 51 A*
Baujahr:	*1953*
Leistung der Pumpe:	*–*
Löschwasservorrat:	*–*

GAZ (Gorkovskij Automobilnyj Zavod) – das Automobilwerk Gorki – war 1932 mit Unterstützung von Ford entstanden. Zum Fertigungsprogramm gehörte seit 1946 auch der von einem 70 PS starken Sechszylinder-Vergasermotor mit 3480 ccm Hubraum angetriebene 2,5-Tonner GAZ 51, der – in gewaltigen Stückzahlen gefertigt – sich schnell zum sowjetischen Standard-Lkw in dieser Klasse entwickelte. Auch im Feuerwehrfahrzeugbau fand dieses Chassis eine weite Verbreitung, in erster Linie als Tankfahrzeug oder Automobilspritze. In kleinerer Zahl wurden auch handbetriebene Autoleitern als ALR 17 (51) LT auf diesen Fahrgestellen errichtet. Der Leiterpark konnte bis auf 80° aufgerichtet werden, was ausreichte, um auch im sechsten Stockwerk eines Hauses Lösch- und Rettungsarbeiten vornehmen zu können. Dieses schöne, restaurierte Exemplar war im Jahr 2003 auf einer Fahrzeugschau in Kiew zu bewundern.

Ukraine

Verwendungszweck:	*Schnellangriffsfahrzeug APP-2*
Fahrgestelltyp:	*GAZ 33021*
Baujahr:	*1997*
Leistung der Pumpe:	*1200 l/min*
Löschwasservorrat:	*300 l*

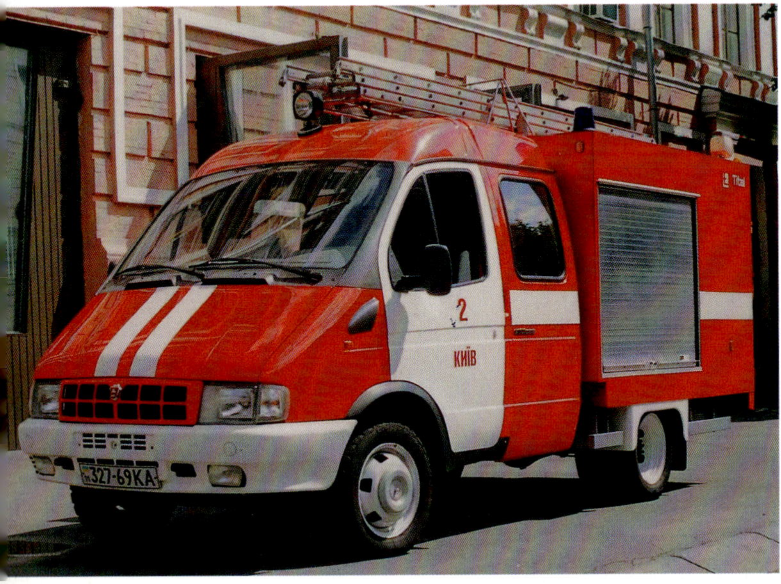

Ein von dem Feuerwehrausrüster Poshtechnika in Torschok entwickeltes und gebautes Schnellangriffsfahrzeug APP-2 der Berufsfeuerwehr Kiew ist hier zu sehen. Als Aufbaubasis fand ein GAZ 33021-Chassis mit einem Vierzylinder-90-PS-Vergasermotor und 3,5 t zulässigem Gesamtgewicht Verwendung. Drei Mann Besatzung, ein tragfähiges Notstromaggregat mit einer Leistung von 6 kVA, Wassertank und Feuerlöschpumpe gehören zur Ausrüstung.

Verwendungszweck:	*Tanklöschfahrzeug*
	AZ-2,5-40 (433362)
Fahrgestelltyp:	*ZIL 4331 (433362)*
Baujahr:	*1998*
Leistung der Pumpe:	*2400 l/min*
Löschwasservorrat:	*2500 l*

Dieses Tanklöschfahrzeug AZ-2,5-40 wurde auf dem ZIL-Fahrgestell 4331 montiert. Diese Fahrzeuge sind in den GUS-Staaten sehr verbreitet und sozusagen als Standard-Tankfahrzeuge anzusehen. In diesem Fall wurde beim Antrieb der nicht mehr zeitgemäße Achtzylinder-V-Vergasermotor mit 150 PS beibehalten, was die Wirtschaftlichkeit negativ beeinflusst. Alternativ gab es später auch einen 185-PS-Diesel. Die Besatzung besteht aus sieben Mann, und die Feuerlöschkreiselpumpe ist am Rahmenende angeordnet. Weiterhin gehört ein Schaummittelbehälter mit 170 l Inhalt zur feuerwehrtechnischen Beladung.

TSCHECHIEN

Dieser aus der ehemaligen Tschechoslowakei hervorgegangene, offiziell als Tschechische Republik bezeichnete Staat wurde nach der 1993 erfolgten Trennung von der Slowakei unabhängig. Er umfasst die Provinzen Böhmen und Mähren mit Prag als Hauptstadt und eine Einwohnerzahl von mehr als 10 Millionen Menschen.

Die Feuerwehren des Landes sind mittlerweile modern ausgerüstet und gut ausgebildet. Der früher eher vernachlässigte Bereich der technischen Hilfeleistung gewinnt auch in Tschechien zunehmend an Bedeutung. Hauptsächlich vertreten sind in diesem Land die freiwilligen Feuerwehren, ferner gibt es Berufsfeuerwehren in Großstädten und Werks- oder Betriebsfeuerwehren, die sowohl auf freiwilliger als auch auf hauptberuflicher Basis arbeiten.

Die Fahrzeugindustrie des Landes ist sehr gut entwickelt. Skoda, Tatra, Avia und Praga sind auch über die Grenzen bekannte Namen traditionsreicher Hersteller. Diese Firmen decken den hauptsächlichen Teil des Bedarfs an Feuerwehr-Trägerfahrgestellen ab. Aufbauten findet man häufig von Karosa. Nicht selten werden auch komplette Feuerwehrfahrzeuge exportiert, in der Vergangenheit mehrheitlich in den Wirtschaftsraum der früheren sozialistischen Staaten.

Daneben werden aber auch Sonder- und Industrielöschfahrzeuge von Rosenbauer, Drehleitern hingegen überwiegend von Metz und Magirus importiert, wobei vielfach die landeseigenen Tatra-Fahrgestelle verwendet wurden. Früher konnte man auch häufiger Fahrzeuge aus der Sowjetunion und der ehemaligen DDR bei den Wehren antreffen. In den letzten Jahren haben auch andere ausländische Hersteller wie die britische Firma Dennis oder Scania aus Schweden bei den Wehren in der Tschechischen Republik Fuß fassen können. Allgemein stark vertreten sind große Tanklösch- oder Sonderlöschfahrzeuge, oftmals auf drei- oder vierachsigen, teilweise sogar geländegängigen Fahrgestellen.

Verwendungszweck:	*Tanklöschfahrzeug AZ 40 (CAS)*
Fahrgestelltyp:	*ZIL 131 (6 x 6)*
Baujahr:	*1983*
Leistung der Pumpe:	*2400 l/min*
Löschwasservorrat:	*2500 l*

Ein im Jahr 2003 fotografiertes, überaus gepflegtes Tanklöschfahrzeug, aufgebaut auf einem dreiachsigen ZIL-Militärfahrgestell, gehört der Freiwilligen Feuerwehr Zelezná Ruda. Dieser kräftig dimensionierte, sehr robuste allradgetriebene Dreiachser wird von einem Achtzylinder-V-Vergasermotor mit 6000 ccm Hubraum und 150 PS Leistung fortbewegt. Das Fahrgestell besitzt eine Reifendruckregelanlage und verfügt über ausgezeichnete Geländeeigenschaften. Beladen ist das mit einer großen Doppelkabine für sechs Einsatzkräfte und einem Wenderohr ausgerüstete Fahrzeug mit einem Wassertank und 170 l Schaumbildner.

Verwendungszweck:	*Löschfahrzeug*
Fahrgestelltyp:	*Avia A 31*
Baujahr:	*1984*
Leistung der Pumpe:	*1200 l/min*
Löschwasservorrat:	–

Bei der Freiwilligen Feuerwehr Cicice befand sich im Frühjahr 2003 dieses auf einem leichten Avia-Frontlenker-Lkw aufgebaute Löschfahrzeug im Einsatzdienst. Das Fahrzeug besitzt eine Standard-Lkw-Kabine für drei Mann. Im Gerätekofferaufbau sind Sitzplätze für sechs weitere Einsatzkräfte vorhanden. Der Antrieb dieses Fahrzeugs mit 5320 kg Gesamtgewicht erfolgt durch einen Sechszylinder-Diesel mit 3596 ccm Rauminhalt und 82 PS, mit dem sich eine Höchstgeschwindigkeit von 85 km/h erreichen lässt.

Verwendungszweck:	*Großtanklöschfahrzeug (CAS-24)*
Fahrgestelltyp:	*Iveco-Magirus Euro Fire*
	MP 260 E 37 (6 x 6)
Baujahr:	*1999*
Leistung der Pumpe:	*2400 l/min*
Löschwasservorrat:	*9000 l*

Die Berufsfeuerwehr Prag erhielt im Jahr 1999 von der Iveco Magirus Brandschutztechnik GmbH ein neues Großtank-löschfahrzeug vom Typ 24/90-10. Als Trägerfahrgestell gelangte ein Euro Fire-Chassis mit 372-PS-Diesel zur Ver-wendung. Die Kabine ist für eine Besatzung von drei Ein-satzkräften ausgelegt. Neben dem Wasservorrat befinden sich 1000 l Schaummittel an Bord. Der Dachmonitor ermög-licht eine Löschmittelabgabe von bis zu 1600 l/min. Das Fahr-zeug ist 8,85 m lang und hat ein zulässiges Gesamtgewicht von 24,5 t.

Verwendungszweck:	*Drehleiter DL 30 (AZ 30)*
Fahrgestelltyp:	*IFA W 50 L*
Baujahr:	*1977*
Leistung der Pumpe:	–
Löschwasservorrat:	–

Aus DDR-Produktion – und zwar von dem VEB Feuerlöschgerätewerk Luckenwalde – stammt diese hydraulische DL 30 auf einem IFA W 50 L-Frontlenkerfahrgestell, die sich bei der Freiwilligen Feuerwehr Znaim im Einsatz befand. Da die DDR-Leitern erheblich preiswerter waren als die entsprechenden Modelle aus dem Westen, wurden sie von den Ostblockstaaten bevorzugt verlangt. In die Tschechoslowakei gingen allein nahezu 240 Einheiten. Dieses mit einer Staffelkabine ausgerüstete Fahrzeug trägt die erste hydraulische 30-m-Leitervariante ohne Korb – allerdings noch mit manuellen Schraubspindelabstützungen. Diese Ausführung war nicht nur in der DDR häufig vertreten; die Fahrzeuge gingen auch vorrangig in die befreundeten Länder des früheren Ostblocks. Das Basisfahrgestell mit 10,2 t zulässigem Gesamtgewicht besaß einen Vierzylinder-Direkteinspritz-Diesel mit 6560 ccm Hubraum und 125 PS Motorleistung.

Verwendungszweck:	*Gelenkmastbühne (PP 20)*
Fahrgestelltyp:	*Skoda 706 (4 x 2)*
Baujahr:	*1973*
Leistung der Pumpe:	*–*
Löschwasservorrat:	*–*

Diese in einem Löschzug der Berufsfeuerwehr Prag eingesetzte Gelenkmastbühne mit einer Arbeitshöhe von 20 m
wurde auf einem älteren Skoda-Frontlenkerchassis aufgebaut. Dieses Fahrgestell besitzt einen Reihen-Sechszylinder-
Direkteinspritz-Diesel mit 11781 ccm Hubraum, der 160 PS
Motorleistung bei 1900 U/min erzeugt. Das zulässige Gesamtgewicht beträgt 13 730 kg; die Fahrzeuglänge 10,97 m. Der
Arbeitskorb dieser zweiarmigen Bühne kann mit bis zu 360 kg
belastet werden.

SLOWAKEI

Die Slowakische Republik mit seinen gut 5 Millionen Einwohnern und der Hauptstadt Bratislava ist seit 1993 eine unabhängige Demokratie und seit 2004 Mitglied der EU. Die Feuerwehren des Landes sind ähnlich wie in Tschechien organisiert und ausgerüstet. Führend für Feuerwehraufbauten sind Tatra, Skoda und Avia-Fahrgestelle. Ebenso findet man Karosa-Aufbauten und Sonderfahrzeuge von Rosenbauer und auch anderen westeuropäischen Herstellern. Drehleitern kamen überwiegend von Magirus in Ulm. Vorherrschend sind in der Slowakei die freiwilligen Feuerwehren, die sich vor allem auf dem Land und im schneereichen Tatragebirge auf lange Winter einstellen müssen. Die einzige Berufsfeuerwehr des Landes gibt es in Bratislava sowie einige wenige Werks- und Betriebsfeuerwehren.

Im Aufbau dieses Schaumlöschfahrzeugs auf einem Tatra-Fahrgestell sind 8500 l Schaumbildner in zwei getrennten Tanks gelagert. Die Heckpumpe hat eine Leistung von 3200 l/min bei 12 bar Druck. Die neben der Wasserpumpe angeordnete Schaummittelpumpe leistet 400 l/min bei 20 bar. Auf dem Dach befindet sich ein Monitor des Typs RM 30, der zwischen 1600 und 3000 l Wasser oder Schaum pro Minute 60 bzw. 50 m weit werfen kann.

Verwendungszweck:	*Trockenlöschfahrzeug*
	(Pulverlöschfahrzeug)
Fahrgestelltyp:	*Tatra 148 PPR 14 (6 x 6)*
Baujahr:	*1976*
Leistung der Pumpe:	*3200 l/min*
Löschwasservorrat:	*–*

Ebenfalls in Bratislava beheimatet ist dieses Trocken-Löschfahrzeug (Pulverlöschfahrzeug) auf Tatra 148-Fahrgestell,
das von der Firma Total in Ladenburg aufgebaut wurde. Das
Fahrzeug verfügt über zwei als Druckbehälter ausgebildete
Pulverlöschanlagen von jeweils 3000 kg sowie über einen
manuell bedienbaren Werfer auf dem Aufbaudach mit einer
maximalen Leistung von 2400 l/min. Als Schnellangriffseinrichtungen sind jeweils zwei für Wasser und Pulver vorhanden. Da das PLF weder mit Wasser noch mit Schaummittel
ausgerüstet ist, ist es auf Fremdeinspeisung angewiesen,
welche mit Hilfe des Zumischers verarbeitet werden kann.
Die kombinierte Normal- und Hochdruck-Feuerlöschkreisel-
pumpe befindet sich am Rahmenende. Das Dreiachs-Allradchassis besitzt einen luftgekühlten V-Achtzylinder-Diesel mit
232 PS, welcher für die Fortbewegung des 22 t schweren
Fahrzeugs sorgt. Auch bei diesem Fahrzeug ist das große vor-
gezogene Blaulicht beachtenswert.

Verwendungszweck:	*Trockenlöschfahrzeug*
	(Pulverlöschfahrzeug)
Fahrgestelltyp:	*Mercedes-Benz LAF 1113 B/36 (4 x 4)*
Baujahr:	*1975*
Leistung der Pumpe:	*1600 l/min*
Löschwasservorrat:	*–*

Die in Urach ansässige Firma Minimax zeichnete für die 2000-kg-Pulverlöschanlage dieses auf einem allradgetriebenen Mercedes-Benz-Kurzhauber erstellten Fahrzeugs der Berufsfeuerwehr Bratislava verantwortlich. Das 11-t-Chassis ist mit einem in Reihe angeordneten Sechszylinder-Direkteinspritz-Diesel mit 5675 ccm Hubraum bestückt, dessen Höchstleistung 130 PS bei 2800 U/min beträgt. Der kurze Radstand ist für eine gute Geländegängigkeit mitverantwortlich.

Verwendungszweck:	*Teleskopbühne 50 m*
Fahrgestelltyp:	*Tatra 815 PJ (8 x 8)*
Baujahr:	*1995*
Leistung der Pumpe:	*–*
Löschwasservorrat:	*–*

Mit zu den höchsten Teleskopbühnen in Europa zählt das hier abgebildete Exemplar des Typs Bronto Skylift 50-2TI, das auf der Hauptwache in der slowakischen Hauptstadt Bratislava stationiert ist. Die schwere fünffach teleskopierbare Mastkonstruktion ermöglicht eine maximale Arbeitshöhe von 50 m. Die beiden Vorderachsen des vierachsigen Tatra-Frontlenker-Chassis sind lenkbar. Ebenso besitzt es die bewährte tiefergesetzte, nach vorn gezogene Fahrerkabine für zwei Mann.

UNGARN

Die Feuerwehren in Ungarn können sich auf keine Fahrzeugindustrie, die sich auf den Bereich von Einsatzfahrzeugen spezialisiert hat, stützen. Abgesehen von der weit entwickelten, für den Feuerwehrbereich aber eher unbedeutenden Ikarus-Busproduktion gibt es lediglich den Lastwagenhersteller Csepel, der seit 1950 zunächst Steyr-Lkw in Lizenz fertigte, später aber auch zu eigenen Haubenkonstruktionen und Frontlenkern kam. Auf diese Fahrgestelle wurde auch eine relativ große Stückzahl von Feuerwehrfahrzeugen, insbesondere Löschfahrzeuge, gebaut. Ein weiterer Hersteller ist die traditionsreiche Firma Raba in Györ, die erst seit 1970 wieder Lastkraftwagen auf MAN-Basis produziert. An dieser Stelle sei auch die Firma MAVAG erwähnt, die bis in die 1940er Jahre Lastkraftwagen auf Mercedes-Benz-Lizenzbasis herstellte. Auf einem schweren Fahrgestell dieser Marke erhielt die Berufsfeuerwehr Budapest im Jahr 1949 drei von Metz aufgebaute DL 46.

Alle übrigen Fahrzeuge müssen importiert werden, was in der Vergangenheit hauptsächlich aus dem Wirtschaftsraum der Ostblockstaaten, neuerdings aber auch stärker aus Westeuropa erfolgt. Die Versorgung mit Drehleitern wurde schon seit Jahrzehnten vor allem durch die deutsche Firma Magirus und zu einem geringeren Teil auch durch Metz in Karlsruhe gewährleistet. Bei der Beschaffung von Sonderfahrzeugen spielt aber auch die österreichische Firma Rosenbauer eine gewisse Rolle. Ein Modernisierungsprogramm für den insgesamt jedoch überalterten Fahrzeugbestand ist angelaufen.

Organisatorisch gliedern sich die Feuerwehren dieses Landes in Berufs-, freiwillige und Werksfeuerwehren.

Verwendungszweck:	*Tanklöschfahrzeug*
Fahrgestelltyp:	*IFA W 50 LA (4 x 4)*
Baujahr:	*1987*
Leistung der Pumpe:	*2200 l/min*
Löschwasservorrat:	*2000 l*

Bei der Berufsfeuerwehr Sopron befindet sich dieses auf einem in der ehemaligen DDR produzierten IFA W 50-Allradchassis aufgebauten Tanklöschfahrzeug im Alarmdienst. Dieses Fahrzeug gehört zu jenen ab 1985 gefertigten Exemplaren, die von dem VEB Feuerlöschgerätewerk Luckenwalde mit dem neuen Ganzmetallkoffer (GMK) ausgerüstet sind. Die vom Aufbau abgesetzte Staffelkabine ist für sechs Mann Besatzung ausgelegt. Auf dem Kabinendach befindet sich ein Wendestrahlrohr. Die Beladung besteht aus den Löschmitteln Wasser und 500 l Schaummittelvorrat; das Chassis besitzt einen Vierzylinder-Diesel mit 6560 ccm Hubraum und 125 PS. Erwähnenswert ist die wattierte Kältedecke vor dem Kühlerschutzgitter, die das Antriebsaggregat im Winter vor zu viel kalter Luft schützen soll.

Verwendungszweck:	*Löschfahrzeug*
Fahrgestelltyp:	*Csepel D 420*
Baujahr:	*1957*
Leistung der Pumpe:	*1500 l/min*
Löschwasservorrat:	*–*

Dieses Löschfahrzeug auf einem Csepel-Hauber war das Standardfahrzeug der ungarischen Feuerwehren in den späten 1950er und 1960er Jahren. In der Gruppenkabine des von der Firma Csepel selbst erstellten Fahrzeugs ist Platz für neun Mann Besatzung vorhanden; am Rahmenende befindet sich die Feuerlöschkreiselpumpe. Der Antrieb des Trägerfahrgestells erfolgt durch einen in Lizenz fabrizierten Vierzylinder-Steyr-Vorkammer-Dieselmotor mit 5322 ccm Hubraum und 85 PS bei 2200 U/min. Dieser Oldtimer ist eines der wenigen erhaltenen Fahrzeuge seiner Art und zur Freude vieler Fahrzeugliebhaber recht häufig auf internationalen Feuerwehrsternfahrten anzutreffen.

Verwendungszweck:	*Tanklöschfahrzeug*
Fahrgestelltyp:	*GAZ 66 (4 x 4)*
Baujahr:	*1980*
Leistung der Pumpe:	*1200 l/min*
Löschwasservorrat:	*800 l*

Dieses auf einem GAZ 66-Frontlenkerfahrgestell aufgebaute Tanklöschfahrzeug der ungarischen Berufsfeuerwehr Sopron ist von sowjetrussischer Bauart. Das in den russischen GAZ-Automobilwerken in Gorki produzierte 2-t-Allrad-Lkw-Chassis wurde fast ausschließlich militärischer Verwendung zugeführt. Während in der Kabine Platz für drei Mann vorhanden ist, befinden sich weitere vier Sitzplätze im vorderen Teil des Kofferaufbaus. Der Antrieb dieses sehr geländefähigen Allradwagens erfolgt durch einen Achtzylinder-Vergasermotor in V-Form mit 4250 ccm Hubraum und 130 PS bei 3200 U/min.

SLOWENIEN

Slowenien, das kleine Alpenland am Nordostende der Adria, wurde im Jahr 1991 unabhängige Republik. Dies geschah ohne das Blutvergießen, das den weiteren Zerfall Jugoslawiens fortan begleitete. Slowenien ist von allen früheren Bundesstaaten der Volksrepublik Jugoslawien am engsten mit Westeuropa verbunden und verfügt unter allen ehemaligen Ostblockländern über den höchsten Lebensstandard. Seit 2004 ist dieses Land Mitglied der EU.

Die Feuerwehren des Landes sind hauptsächlich mit in Lizenz hergestellten Fahrgestellen ausgerüstet. Sehr bekannt ist die in Maribor ansässige Firma TAM – Tovarna Automobilov Maribor –, die seit 1947 zunächst in Lizenz gefertigte tschechische Prag-Lkw herstellte und 1957 auf Lizenzfertigungen von Klöckner-Humboldt-Deutz (Magirus-Deutz) und später auf MAN-Lizenzbauten überging. Mittlerweile kooperiert man eng mit der italienischen Fiat-Iveco-Gruppe. Darüber hinaus erfolgten aber auch Eigenentwicklungen. Dieser Hersteller ist uneingeschränkter Marktführer in Slowenien, wenn es um Trägerfahrgestelle für Feuerwehraufbauten geht. Ebenso verhält es sich mit den Feuerwehrausrüstern und -aufbauerstellern Vatrosprem und Karoserist, welche die Wehren hauptsächlich mit Einsatzfahrzeugen versorgen.

Daneben hat vor allem der deutsche Drehleiterhersteller Magirus seit Jahren eine große Bedeutung, wenn es um die Lieferung von Hubrettungsfahrzeugen geht. Sonder- und Spezialfahrzeuge sind, u. a. von Rosenbauer aber auch von Metz/Karlsruhe, des öfteren importiert worden.

In den letzten Jahren ist es auch anderen ausländischen Unternehmen gelungen, in den Fahrzeugbeständen des Landes Fuß zu fassen. Dazu gehören beispielsweise Mercedes-Benz und der deutsche Feuerwehrausrüster Ziegler.

Verwendungszweck:	*Tanklöschfahrzeug*
Fahrgestelltyp:	*TAM 5500*
Baujahr:	*1973*
Leistung der Pumpe:	*1600 l/min*
Löschwasservorrat:	*4000 l*

Dieses auf einem 5,5-t-TAM-Eckhauberchassis aufgebaute Tanklöschfahrzeug entstand im Jahr 1988 auf einem früheren Lastwagenfahrgestell. Dabei erstellte ein örtlicher Karosseriebetrieb den mit Lamellen verschlossenen Kofferaufbau. Alle weiteren Ausrüstungsarbeiten wurden in Eigenleistung durch die Freiwillige Feuerwehr Poljcane vorgenommen, die das Fahrzeug auch mit einem Monitor bestückte. Das in Lizenz gebaute TAM-Fahrgestell verfügt über einen luftgekühlten Sechszylinder-Direkteinspritz-Diesel in V-Form mit 5655 ccm Hubraum und 120 PS.

Slowenien

Verwendungszweck:	*Trockenlöschfahrzeug*
Fahrgestelltyp:	*TAM 5500 (4 x 4)*
Baujahr:	*1976*
Leistung der Pumpe:	–
Löschwasservorrat:	–

Die Flughafenfeuerwehr des regionalen slowenischen Verkehrsflughafens Maribor setzt dieses mit einer Truppkabine ausgerüstete Trocken-Löschfahrzeug (TroLF 3000) ein. Der Aufbau des mit zwei 1500-kg-Pulver-Druckbehältern bestückten Fahrzeugs erfolgte auf einem allradgetriebenen TAM-Eckhauber. Die Pulverlöschanlage mit Schnellangriffseinrichtung und Monitor sowie die Karosserieaufbauten wurden durch die inländische Firma Paston erbaut. Der offene Bedienstand befindet sich über der Hinterachse.

Verwendungszweck:	*Gerätewagen*
Fahrgestelltyp:	*TAM 150 T 11 (6 x 6)*
Baujahr:	*1983*
Leistung der Pumpe:	*–*
Löschwasservorrat:	*–*

Dieser mit zwei Einsatzkräften besetzte Gerätewagen gehört zum Fahrzeugbestand der Berufsfeuerwehr Maribor. Das Basisfahrgestell ist ein für das Militär entwickelter TAM-Dreiachs-Allrad-Frontlenker. Den geräumigen Kofferaufbau, in dem Werkzeuge und Geräte für alle Arten der technischen Hilfeleistungen mitgeführt werden, erstellte der Feuerwehrausrüster Karoserist. Für den Vortrieb sorgt ein luftgekühlter V-Sechszylinder-Magirus-Lizenzdiesel mit 192 PS Leistung.

⊙ TUNESIEN

Die Einsatzfahrzeuge der militärisch organisierten Feuerwehren in Tunesien rekrutieren sich auch hier – in Ermangelung einer eigenen Industrie – aus importierten Modellen. Neben der französischen Konkurrenz haben die deutschen Hersteller Metz und Magirus seit Jahren einen guten Ruf. In den letzten Jahren hat die Bedeutung des österreichischen Feuerwehrausrüsters Rosenbauer als Lieferant für Sonder- und Flugplatzlöschfahrzeuge zugenommen.

Dieser große Mercedes-Benz-Dreiachser mit Allradantrieb und einem zulässigen Gesamtgewicht von 26 t diente als Trägerchassis für dieses von Metz aufgebaute Flugplatzlöschfahrzeug. Für die Fortbewegung verantwortlich war ein V-Zehnzylinder-Direkteinspritz-Diesel mit 15 950 ccm Hubraum und 320 PS bei 2500 l/min. Löschwasser, 1200 l Schaum, Zumischer, zwei Schnellangriffseinrichtungen sowie ein Dachmonitor sind die wesentlichen Merkmale dieses Fahrzeugs.

Verwendungszweck: *Flugplatzlöschfahrzeug FLF Buffalo*
Fahrgestelltyp: *Mercedes-Benz Actros*
3357/AK 39 (6 x 6)
Baujahr: *2001*
Leistung der Pumpe: *6100 l/min*
Löschwasservorrat: *10 000 l*

Im Jahr 2001 lieferte Rosenbauer ein neues Flugplatzlöschfahrzeug Buffalo an die für die tunesischen Zivilflugplätze
zuständigen Behörde. Als Untersatz wurde ein Mercedes-
Benz-Actros-Fahrgestell mit Dreimannkabine und 571-PS-
Motor gewählt. Für die leistungsfähige Feuerlöschkreiselpumpe mit Zumischer steht ein separater Antriebsmotor mit
354 PS zur Verfügung. Neben dem Löschwasser befinden sich
1400 l Schaummittel auf dem Fahrzeug. Der Dachmonitor
lässt sich elektronisch aus der Kabine fernsteuern. Zum Eigen-
schutz des 27,4 t schweren Dreiachsers sind mehrere Boden-
sprühdüsen angebracht.

ÄGYPTEN

Auf Ägypten trifft das Gleiche zu, was bereits im Kapitel Tunesien beschrieben wurde. Da auch in diesem Land weder eine Fahrzeug- noch eine Feuerwehrgeräteindustrie existiert, kann der Bedarf an Feuerwehreinsatzfahrzeugen nur durch Einfuhren gedeckt werden. In erster Linie sind es französische und deutsche Hersteller, daneben aber auch italienische (Baribbi) und österreichische (Rosenbauer) Lieferanten, die komplette Fahrzeuge in diese Länder liefern.

Dieses Pulverlöschfahrzeug auf einem englischen Bedford-Frontlenker-Chassis lieferte der niederländische Feuerwehrausrüster Kronenburg 1977 an die ägyptische Ölgesellschaft. Der Druckkessel beinhaltet 2500 kg Löschpulver und ist in halber Höhe mit einem begehbaren Podium umbaut. Der auf dem Kessel befindliche Pulverwerfer hat eine Ausstoßrate von 40 kg Löschpulver pro Sekunde. Zwischen Fahrerkabine und Pulverlöschanlage ist eine offene Sitzbank für drei Feuerwehrmänner aufgebaut.

Verwendungszweck:	*Vorauslöschfahrzeug*
Fahrgestelltyp:	*Land Rover 109 (4 x 4)*
Baujahr:	*1980*
Leistung der Pumpe:	*800 l/min*
Löschwasservorrat:	*–*

Ebenfalls von Kronenburg ausgerüstet ist dieses Vorauslösch-
fahrzeug der ägyptischen Ölgesellschaft auf einem Land
Rover. Das geländegängige Fahrgestell ist mit zwei Pulverlöschanlagen von jeweils 90 kg mit Monnex-Löschpulver und
zwei Schnellangriffseinrichtungen mit 15 m Hochdruckschlauch bestückt. Am Heck ist eine Tragkraftspritze TS 8/8
mit Bodenplatte, eine sogenannte Skidpumpe, montiert, so
dass mit der an Bord befindlichen Ausrüstung ein konventio-
neller Löschangriff mit Wasser oder Schaum möglich ist. Über
dem Fahrerraum befindet sich ein kräftiger doppelter Dach-
gepäckträger als Halterung für Signal- und Warneinrichtun-
gen sowie zwei Flutlichtscheinwerfer.

SÜDAFRIKA

Südafrika kann auf eine relativ lange Tradition in der Brandschutzgeschichte zurückblicken. In Kapstadt wurde bereits 1845 eine Feuerwehr gegründet. Bis zum Beginn des Zweiten Weltkriegs waren die Wehren der größeren Städte des Landes mit modernen Einsatzfahrzeugen gut ausgerüstet. So stand bei der Feuerwehr Johannesburg eine im Jahr 1936 beschaffte offen ausgeführte Magirus DL 45 im Einsatz. Diese Entwicklung hat sich bis heute weiter fortgesetzt, wobei der Drehleiterbedarf von den deutschen Firmen Metz und Magirus gedeckt wird.

Dieses ehemalige Sonderlöschfahrzeug mit Mitteneinbaupumpe der Feuerwehr Windhoek in Namibia wurde in Eigenleistung zu einem Ausbildungsfahrzeug umgebaut. Als Fahrgestell wurde ein mittelschwerer Mercedes-Benz-Allrad-Frontlenker mit Sechszylinder-100-PS-Vorkammer-Diesel verwendet. Die beständigen Witterungsverhältnisse in diesem Land gaben den Ausschlag für den offen gestalteten Fahrer- und Mannschaftsraum.

Verwendungszweck:	Flugplatzlöschfahrzeug FLF Supreme Buffalo
Fahrgestelltyp:	MAN 27.603 DFAERG (6 x 6)
Baujahr:	1999
Leistung der Pumpe:	4000 l/min
Löschwasservorrat:	8000 l

Dieses Flugplatzlöschfahrzeug vom Typ Supreme-Buffalo baute Rosenbauer im Jahr 1999 für Südafrika. Als Untersatz hielt man ein geländegängiges, einfach bereiftes MAN-Militär-Allradchassis mit Automatikgetriebe, ABS, Differenzialsperre, 600-PS-Motor und 28 t zulässigem Gesamtgewicht für angemessen. Der Löschwasservorrat, 400 l Schaummittel sowie 2 x 250 kg Pulver decken ein breites Einsatzspektrum ab. Die kombinierte Normal-/Hochdruckpumpe vom Typ NH 40 mit Zumischer leistet 4000 l/min bei 10 und 400 l/min bei 40 bar. Ferner stehen ein kombinierter Wasser-Schaum-Dachwerfer mit einer Leistung von 4000 l/min, ein 1000-l/min-Frontwasserwerfer, zwei Schnellangriffseinrichtungen, eine Pulverhaspel, Seilwinde, Spreizer/Schere, Stromerzeuger und ein ausfahrbarer Lichtmast zur Verfügung.

USA

Nahezu unbegrenzt sind Vielfalt und Erscheinungsbild der Feuerwehreinsatzfahrzeuge in den Vereinigten Staaten von Amerika. Da es keine Normierung von Fahrzeugen und Ausrüstung gibt, haben die amerikanischen Hersteller bei der Fahrzeuggestaltung einen wesentlich größeren konstruktiven Spielraum, sofern die von der National Fire Protection Association (NFPA) festgelegten Sicherheitsstandards eingehalten werden. Somit ist der Variantenreichtum amerikanischer Löschfahrzeuge und Drehleitern zwangsläufig enorm. Dies gilt besonders für die Fahrzeuglackierungen. Die bauliche Vielfalt wird durch die große Anzahl von Herstellern nochmals vermehrt.

Das Standardfahrzeug ist der meist auch als Engine bezeichnete Pumper, der im weiteren Sinne mit dem europäischen Löschfahrzeug vergleichbar ist. Tanker, also Tanklöschfahrzeuge, und Brush-Trucks dienen zur Wasserversorgung sowie zur Waldbrandbekämpfung. Dann gibt es die verschiedenen Formen der Aerials, den amerikanischen Drehleitern. Beliebt sind die Quints, die neben der Hubrettungseinrichtung zusätzlich mit Pumpe, Wassertank, Schläuchen und tragbaren Leitern bestückt sind. Rescues (Rüst- und Gerätewagen), die unter der Bezeichnung Hazmats laufenden Gefahrgutfahrzeuge sowie Special Units für Nachschub- und Sonderaufgaben sind weitere wichtige Fahrzeugkategorien. Auch das amerikanische Maßsystem mit gallons, pounds und feet ist mit den europäischen Maßen und Gewichten nicht vergleichbar. Die Pumpen-Förderleistungen werden in US-Gallons per Minute (gpm) angegeben, die Wasser- und Schaummitteltankinhalte in US-Gallons (gal), die Steighöhen von Hubrettungsfahrzeugen in foot (ft), während Pulverlöschmittel in Pound gemessen werden. 1 gpm entspricht 3,785 l/min, 1 gal entspricht 3,785 l, 1 ft sind 0,3048 m und 10 Pound entsprechen 4,54 kg. In den Bildtexten werden sowohl die amerikanischen als auch die entsprechenden europäischen Maße und Gewichte genannt.

Verwendungszweck:	*Pumper (Antique-Engine)*
Fahrgestelltyp:	*Mack B 85 Thermodyne*
Baujahr:	*1957*
Leistung der Pumpe:	*750 gpm (2839 l/min)*
Löschwasservorrat:	*500 gal (1893 l)*

Ein sehr bulliges und beeindruckendes Erscheinungsbild vermittelt dieser Mack-Pumper (Engine 84) des Bethany Fire Department in Connecticut. Diese Antique-Engine mit ihren vielen Chromteilen verfügt über einen Sechszylinder-Cummins-Vergasermotor mit 200 PS Leistung und Trilexräder vorn. Der feuerwehrtechnische Aufbau mit Mitteneinbaupumpe, seitlich offen angebrachten Armaturen und mit der darüber befindlichen Schnellangriffseinrichtung erfolgte durch der Fahrgestellhersteller. Mit nur geringen Änderungen wurde diese Mack-Baureihe elf Jahre lang produziert.

 **USA** _____

Verwendungszweck:	_Pumper_
Fahrgestelltyp:	_Ford C 900_
Baujahr:	_1978_
Leistung der Pumpe:	_1000 gpm (3785 l/min)_
Löschwasservorrat:	_500 gal (1893 l)_

Das LaBelle Volunteer Fire Department in Florida setzte noch im Jahr 1998 diesen sehr gepflegten Seagrave-Pumper auf Ford-Frontlenker-Fahrgestell ein. Neben den vielfältigen optischen und akustischen Warn- und Signaleinrichtungen verfügt dieses mit der üblichen Midshippumpe und der Commercial Cab ausgerüstete Modell über eine mittig ange-ordnete Schnellangriffseinrichtung sowie Flutlichtschein-werfer zur Arbeitsstellenbeleuchtung.

Verwendungszweck:	*Pumper*
Fahrgestelltyp:	*Ford LN 700*
Baujahr:	*1982*
Leistung der Pumpe:	*1000 gpm (3785 l/min)*
Löschwasservorrat:	*300 gal (1136 l)*

Einen sehr attraktiv in gelb mit schwarzer Fahrerkabine lackierten Feuerwehrwagen besitzt das Pittsburg Fire Department in Pennsylvania. Diese Farbgebung war die typische Lackierung dieses Fire Departments in den 1970er und 1980er Jahren. Das hier gezeigte, leichte Pumper-Modell wurde von der Firma Grumman auf ein Ford-Fahrgestell aufgebaut und als Engine 39 eingesetzt. Neben einer Midshippumpe und dem Löschwassertank befindet sich das bei amerikanischen Pumpern übliche Schlauchmaterial auf dem Fahrzeug. Da die Mitnahme von Einsatzkräften auf dem hinteren Trittbrett inzwischen verboten ist, sterben solche Pumper mit Einzelkabinen bei den großen Fire Departments langsam aus.

Verwendungszweck:	*Pumper*
Fahrgestelltyp:	*Ford C 8000*
Baujahr:	*1984*
Leistung der Pumpe:	*1000 gpm (3785 l/min)*
Löschwasservorrat:	*750 gal (2829 l)*

Beim Long Green Fire Department in Maryland konnte man im Jahr 1995 diesen von der Firma Grumman Emergency Products in Roanoke, Virginia, aufgebauten Pumper antreffen, der als Engine 382 eingeordnet war. Zur Verwendung gelangte ein Ford-Frontlenker-Chassis mit Tilt Cab, also mit nach vorn kippbarer Fahrerkabine. Das im Jahr 1957 erstmals vorgestellte C-Modell war ein robustes und preisgünstiges Großserienfahrgestell, das es bei Feuerwehren zu einer außerordentlichen Beliebtheit und Verbreitung brachte. Erst im Juni 1990, nachdem mehr als 300 000 Einheiten gefertigt worden waren, wurde der Bau eingestellt.

Verwendungszweck:	*Pumper*
Fahrgestelltyp:	*International Harvester S 1800*
Baujahr:	*1980*
Leistung der Pumpe:	*750 gpm (2839 l/min)*
Löschwasservorrat:	*500 gal (1893 l)*

Dieser auf einem International Harvester-Chassis von der Firma Welch Fire Equipment Co. in Marion, Wisconsin, für das Springfield Fire Department, Oregon, aufgebaute Pumper lief dort im Jahr 1997 als Engine 842. Die Feuerlöschpumpe befindet sich nebst Bedienungsarmaturen vor dem Kühler des in dunkelgelb lackierten Fahrzeugs.

Verwendungszweck:	*Pumper*
Fahrgestelltyp:	*International Navistar 4900*
Baujahr:	*1999*
Leistung der Pumpe:	*1250 gpm (4731 l/min)*
Löschwasservorrat:	*500 gal (1893 l)*

Dieser Pumper mit einer an der Rückwand der Standard-Lkw-Kabine angebauten Mannschaftskabine wurde von der Firma Sutphen auf einem International-Fahrgestell aufgebaut. Dieses Fahrzeug befindet sich als Engine 17 bei der Columbus Division of Fire im Bundesstaat Ohio im Einsatzdienst. Zum Zeitpunkt der Aufnahme war das erst kurz zuvor beschaffte Fahrzeug brandneu. Die Firma Sutphen ist übrigens die älteste noch in Familienbesitz befindliche Feuerwehrfahrzeugfabrik in den Vereinigten Staaten.

Verwendungszweck:	*Pumper*
Fahrgestelltyp:	*Mack MC*
Baujahr:	*1981*
Leistung der Pumpe:	*1500 gpm (5678 l/min)*
Löschwasservorrat:	*500 gal (1893 l)*

Hier ist ein 1981 gebauter Mack-Pumper des Seattle Fire Departments im Staat Washington zu sehen, der von dem Feuerwehrausrüster Anderson erstellt wurde. Recht eigentümlich an der Engine 35 ist der an den Seiten offene, im Anschluss an die hinten ohne Rückwand ausgeführte Kabine in Höhe der Pumpe befindliche Mannschaftsraum.

 **USA**

Verwendungszweck:	*Pumper*
Fahrgestelltyp:	*American LaFrance Century*
Baujahr:	*1982*
Leistung der Pumpe:	*1500 gpm (5678 l/min)*
Löschwasservorrat:	*500 gal (1893 l)*

In einem sehr eleganten dunkelgrünen Farbton und daher betriebsintern durchaus treffend als „Green Monster" bezeichnet, präsentiert sich die von American LaFrance auf einem ebensolchen Fahrgestell aufgebaute Engine 11 des Castle Shannon Fire Department in Pennsylvania. Flutlichtscheinwerfer und Monitoranschluss sind auf dem Aufbau befestigt.

Verwendungszweck:	*Pumper*
Fahrgestelltyp:	*Pierce Dash*
Baujahr:	*1996*
Leistung der Pumpe:	*1750 gpm (6624 l/min)*
Löschwasservorrat:	*750 gal (2839 l)*

Dash (Vorstoß, Schlag), Lance (Lanze), Arrow (Pfeil), Saber (Säbel) und Quantum (Menge, Größe) hießen die zugkräftigen Namen der in ihrer Größe gestaffelten Fahrgestelle von Pierce Arrow. Einen prächtigen Eindruck hinterlässt diese himmelblau-metallic lackierte Engine 3023 der Beverly Road Fire Company im Burlington Township, US-Bundesstaat New Jersey. Das Fahrzeug besitzt eine große Kabine für sechs Einsatzkräfte und wurde von Pierce aufgebaut.

Verwendungszweck:	*Pumper*
Fahrgestelltyp:	*Spartan Gladiator*
Baujahr:	*1987*
Leistung der Pumpe:	*2000 gpm (7570 l/min)*
Löschwasservorrat:	*500 gal (1893 l)*

In einem angenehm satten Grünton und mit viel Chromzierrat präsentiert sich dieser von der Firma 3-D Fire Apparatus Inc. in Shawano, Wisconsin, aufgebaute Pumper des im Staat New Jersey gelegenen Breton Woods Fire Departments. Dieses als Engine 2121 geführte Fahrzeug entstand auf einem von einem Detroit-Diesel angetriebenen Spartan Gladiator-Fahrgestell. Der Hersteller 3-D ist erst seit Mitte der 1970er Jahre mit dem Bau von Feuerwehrfahrzeugen befasst und baut sowohl Pumper in der Commercial- bzw. wie in diesem Fall Custom-Bauweise auf. Mittlerweile ist es dem Unternehmen gelungen, über den Regionalbereich hinaus vorzudringen.

Verwendungszweck:	*Pumper*
Fahrgestelltyp:	*Chevrolet Kodiak*
Baujahr:	*1983*
Leistung der Pumpe:	*1000 gpm (3785 l/min)*
Löschwasservorrat:	*750 gal (2839 l/min)*

Dieser als Engine Nr. 2 im Fahrzeugpark des St. Johnsburg Fire Department in Vermont eingereihte, allradgetriebene Pumper entstand auf einem Chevrolet-Haubenfahrgestell mit vorderen Trilexrädern. Das von Pirsch aufgebaute und ausgerüstete Fahrzeug besitzt in der Fahrzeugmitte die Feuerlöschkreiselpumpe sowie deren Bedienstand, Schnellangriffshaspel und Monitor. Am Fahrzeugheck sind Flutlichtscheinwerfer angebracht.

Verwendungszweck:	*Pumper*
Fahrgestelltyp:	*Imperial*
Baujahr:	*1972*
Leistung der Pumpe:	*1000 gpm (3785 l/min)*
Löschwasservorrat:	*500 gal (1893 l)*

Als Engine 854 lief dieser von dem in Rancocas/New York ansässigen und 1971 gegründeten Feuerwehrausrüster Imperial Fire Apparatus Company auf einem werkseigenen Frontlenkerfahrgestell aufgebaute Pumper beim Jenkinstown Fire Department im US-Bundesstaat Pennsylvania.

Verwendungszweck:	*Pumper*
Fahrgestelltyp:	*HME 1871*
Baujahr:	*1998*
Leistung der Pumpe:	*1250 gpm (4731 l/min)*
Löschwasservorrat:	*1000 gal (3785 l)*

Die auf den Bau von Custom-Fahrgestellen für Feuerwehr-fahrzeuge spezialisierte Firma HME (Hendrickson Mobile Equipment Co.) lieferte das Chassis für diesen als Engine 411 beim Aberdeen Fire Department in North Carolina einge-ordneten Pumper. Die große viertürige Kabine dieses von der Firma Smeal Fire Apparatus Company in Snyder, New England, aufgebauten Fahrzeugs bot Platz für zehn Einsatz-kräfte. Zur Beladung des Fahrzeugs zählen 20 gal (76 l) Schaummittel.

USA

Verwendungszweck:	*Pumper-Tanker*
Fahrgestelltyp:	*Ford C 900*
Baujahr:	*1975*
Leistung der Pumpe:	*1250 gpm (4731 l/min)*
Löschwasservorrat:	*2500 gal (9463 l)*

Ein Ford-C-Fahrgestell mit nach vorne kippbarer Fahrerkabine, der sogenannten Tilt Cab, diente als Basis für diesen von der Karosseriefirma Amthor aufgebauten Tanker 255 des Blooming Grove Fire Department in Pennsylvania. Die Feuerlöschkreiselpumpe ist mittig zwischen Fahrerkabine und Tankaufbau angeordnet.

Verwendungszweck:	*Tanker*
Fahrgestelltyp:	*International Loadstar 1700 (4 x 4)*
Baujahr:	*1976*
Leistung der Pumpe:	*250 gpm (946 l/min)*
Löschwasservorrat:	*1200 gal (4542 l)*

Der Truck 1 des Bluefield Fire Departments in West Virginia war in Eigenleistung auf einem allradgetriebenen International-Fahrgestell aufgebaut. Unter der bulligen kurzen Haube wirkte ein V-Achtzylinder-Vergasermotor mit 157 PS. Das Fahrzeug verfügt über eine Vorbauseilwinde sowie zwei Schnellangriffshaspeln auf dem Dach des Aufbaus.

USA

Verwendungszweck:	*Flugplatzlöschfahrzeug, Crash Fire Truck CFR*
Fahrgestelltyp:	*Freightliner FL 112*
Baujahr:	*1991*
Leistung der Pumpe:	*2000 gpm (7570 l/min)*
Löschwasservorrat:	*5000 gal (18 925 l)*

Bei den Werksfeuerwehren der Boing-Flugzeugwerke befinden sich bereits seit den 1970er Jahren schwere Crash-Fire-Trucks in Sattelschlepperbauweise im Einsatz. Dieser Sattelzug mit Freightliner-Zugmaschine ist bei der Feuerwehr des Hauptwerks in Seattle stationiert. Seine Beladung ist nicht nur auf den Feuerschutz der baulichen Anlagen, sondern auch auf Flugzeug- und Treibstoffbrände ausgerichtet. Aus diesem Grunde werden neben dem großen Löschwasservorrat auch 600 gal (2271 l) Schaummittel mitgeführt. Die feuerwehrtechnische Ausrüstung dieses als CFR 11 eingeordneten Riesen besteht aus einer mit Zumischer bestückten Feuerlöschkreiselpumpe sowie aus zwei Dachmonitoren. Der Trailer wurde von der Firma Crash Rescue Equipment erstellt. Für die Fortbewegung steht ein Achtzylinder-V-Diesel mit 420 PS zur Verfügung. Die zweite Achse der Zugmaschine wurde erst nachträglich installiert.

Verwendungszweck:	*Brush-Truck*
Fahrgestelltyp:	*Dodge WC 62 (6 x 6)*
Baujahr:	*1942*
Leistung der Pumpe:	*100 gpm (379 l/min)*
Löschwasservorrat:	*300 gal (1136 l)*

Eine weit verbreitete Fahrzeugart bei den Feuerwehren der Vereinigten Staaten sind die zur Bekämpfung von Wald- und Buschbränden eingesetzten sogenannten Brush-Trucks. Es gibt selbst in den Großstädten kaum eine Wehr, die nicht über mindestens ein Exemplar dieser Fahrzeugart verfügt. Denn Waldbrände stellen in diesem Land ein großes Gefahrenpotenzial dar. Vor allem die oftmals völlig unzugänglichen Waldflächen im Westen der USA sind nach langanhaltenden Trockenperioden sehr gefährdet. Neben serienmäßigen Pick-Up-Fahrzeugen werden auch häufig ehemalige Militärfahrgestelle für diese Zwecke umgebaut. In diesem Fall war es ein geländegängiger Dodge-Dreiachser aus der Zeit des Zweiten Weltkrieges, der in Eigenleistung durch das Fire Department North Brunswick in New Jersey zu einem „Bush Wacker" umgebaut wurde. Die Schnellangriffshaspel befindet sich auf dem hinteren Teil der Ladefläche.

Verwendungszweck:	*Crash Fire Rescue Vehicle CFR*
Fahrgestelltyp:	*Oshkosh M-12*
Baujahr:	*1981*
Leistung der Pumpe:	*1800 gpm (6813 l/min)*
Löschwasservorrat:	*3170 gal (11 998 l)*

In den USA besitzt die Zivilluftfahrt den mit Abstand größten Stellenwert in der Welt. Entsprechend früh mussten für diesen Zweck geeignete Löschfahrzeuge entwickelt werden. Die gemeinsame Bezeichnung für alle in diesem Bereich eingesetzten Fahrzeuge lautet Airport Rescue and Fighting Vehicles (ARFF), also Flughafenrettungs- und Löschfahrzeuge. Man unterscheidet die beiden Typen Rapid Intervention Vehicle (RIV), also Schnellangriffs- bzw. Vorauslöschfahrzeuge, und die für den Hauptangriff einzusetzenden Flugplatzlöschfahrzeuge, Crash Fire Rescue Vehicle (CFR), die große Mengen verschiedener Löschmittel mitführen. Allradantrieb ist für alle Fahrzeuge obligatorisch. Dieses als CFR 1 eingesetzte gewaltige Oshkosh-Flugplatzlöschfahrzeug ist neben Wasser mit 515 gal (1949 l) Schaumkonzentrat und 1000 lbs. (454 kg) Löschpulver beladen.

Verwendungszweck:	*Crash Fire Rescue Vehicle CFR*
Fahrgestelltyp:	*Peterbilt 357 (6 x 6)*
Baujahr:	*1996*
Leistung der Pumpe:	*1250 gpm (4731 l/min)*
Löschwasservorrat:	*2800 gal (10 598 l)*

Sehr selten sind Flugplatzlöschfahrzeuge auf Commercial-Fahrgestellen anzutreffen. Da das Jackson Hole Airport Fire Department in Wyoming als einzige Feuerwehr im weiten Umkreis über ein möglichst flexibles und universell einsetzbares Fahrzeug verfügen sollte, entschied man sich für die hier abgebildete Kombination, die sowohl als Flugplatzlöschfahrzeug als auch für alle übrigen Brandschutzaufgaben eingesetzt werden kann. Der Feuerwehrausrüster W. S. Darley & Co. in Melrose Park, Illinois, realisierte dieses Einzelstück auf einem schweren Peterbilt-Dreiachs-Chassis mit einem Pumper-Tankeraufbau mit Midshippumpe sowie einem 50-ft-Snozzle. Neben einem großen Löschwasservorrat befinden sich 90 gal (341 l) Schaummittelkonzentrat auf dem Fahrzeug. Zusätzlich erhielt das Fahrzeug Allradantrieb, was für einen Peterbilt sehr ungewöhnlich ist.

Verwendungszweck:	*Snorkel*
Fahrgestelltyp:	*Ford L 9000*
Baujahr:	*1989*
Leistung der Pumpe:	*1000 gpm (3785 l/min)*
Löschwasservorrat:	*1250 gal (4731 l)*

Dieses Fahrzeug des Bradley Prosperity Volunteer Fire Department in West Virginia ist eine Kombination aus Pumper, Tanker und einem 55-ft (19,76 m) Gelenkmast. Der gesamte Aufbau wurde durch den Hersteller Grumman Emergency Products Inc. aus Roanoke in Virginia vorgenommen. Neben einer Midshippumpe wird ein großer Wasservorrat auf diesem als Snorkel 1 bezeichneten schweren Commercial Hauben-Fahrgestell mit 305 PS V-Achtzylinder-Diesel mitgeführt. Die schwarze Metallic-Lackierung verleiht dem Fahrzeug zwar eine gewisse Eleganz; eine Signalwirkung im Straßenverkehr dürfte es indes kaum haben.

Verwendungszweck:	*Quint*
Fahrgestelltyp:	*International N 4900*
Baujahr:	*1994*
Leistung der Pumpe:	*1250 gpm (4731 l/min)*
Löschwasservorrat:	*500 gal (1893 l)*

In den letzten Jahren ist bei der Drehleiterbschaffung in den Vereinigten Staaten verschiedentlich ein Trend zu Aufbauten auf Standardfahrgestellen festzustellen, der bisher allerdings nur auf Einzelstücke beschränkt blieb. Die Gründe dafür sind in erster Linie in den kostengünstigeren Preisen für solche Fahrzeuge zu suchen. Gleich zwei derartige, auf International-Haubenfahrgestellen vom Feuerwehrausrüster Central States Fire Apparatus baugleich erstellte Fahrzeuge orderte das Portsmouth Fire Department in New Hampshire, die dort als Engine Companies eingesetzt werden. Neben einer 50-ft (15,24 m)-Leiter befinden sich Löschwasser und 65 gal (246 l) Schaummittel auf dem mit einer großen Doppelkabine ausgeführten Fahrzeug.

Verwendungszweck:	*Ladder 110 ft TT*
Fahrgestelltyp:	*Pierce Lance*
Baujahr:	*1992*
Leistung der Pumpe:	–
Leistung der Pumpe:	–

Dieser Truck 1 des Eugene Fire Departments im US-Bundesstaat Oregon besitzt eine schwere Pierce-Lance-Dreiachszugmaschine und einen Auflieger, auf dem eine 110 ft (33,53 m)-Pierce-Leiter in Tillered-Bauweise befördert wird. Der Grund für die dreiachsige Ausführung der Zugmaschine dieser Tractor Drawn Aerial waren Probleme mit den Achslasten auf verschiedenen Straßen (z. B. die beschränkte Tragfähigkeit von Brücken) der Stadtgebiete.

Verwendungszweck:	*Quint*
Fahrgestelltyp:	*KME Renegade*
Baujahr:	*1993*
Leistung der Pumpe:	*1500 gpm (5678 l/min)*
Löschwasservorrat:	*750 gal (2839 l)*

Für die komplette Erstellung dieses beim Fire Department Washington DC als Engine 12 eingesetzten, mit einer 55 ft (16,76 m)-Leiter ausgerüsteten Quints zeichnete die Firma KME verantwortlich. Neben dem mitgeführten Löschwasservorrat und der mittig installierten Feuerlöschkreiselpumpe, befinden sich 30 gal (114 l) AFFF-Schaummittel auf dem Fahrzeug.

Verwendungszweck:	*Aerialscope*
Fahrgestelltyp:	*Mack CF*
Baujahr:	*1989*
Leistung der Pumpe:	–
Löschwasservorrat:	–

Die 1902 in Brooklyn, New York, gegründete Mack Brothers Company gehört zweifelsohne zu den wichtigsten Nutzfahrzeugherstellern der Vereinigten Staaten. Auch komplett ausgerüstete Feuerwehrfahrzeuge zählten schon früh zum Programm. Mit einem völlig neuen Konzept eines Hubrettungsfahrzeugs überraschte dieser Hersteller im Jahr 1964 die Fachwelt. Hierbei handelte es sich um einen vierteiligen Teleskopmast mit fest angebrachtem Korb und Wasserzuführung. Diese Entwicklung ging zwar auf Mack zurück, gebaut wurden diese, auch Aerialscopes genannten Masten von der Baker Equipment Company in Richmond, Virginia. Beim Hazlet Fire Department im Staat New Jersey befand sich 1995 eine 75 ft (22,86 m) Aerialscope des Herstellers Baker im Einsatzdienst. Ein dreiachsiges Mack-Chassis diente als Plattform für diesen Teleskopmast.

Verwendungszweck:	*Ladder 100 ft RM*
Fahrgestelltyp:	*American LaFrance ALF Century*
Baujahr:	*1977*
Leistung der Pumpe:	–
Löschwasservorrat:	–

Von 1973 bis 1985 baute American LaFrance das berühmte, mit einem Detroit-Diesel ausgerüstete Frontlenkermodell Century. Dieses sehr populäre und markante Fahrgestell war über viele Jahre das Standardchassis dieses Herstellers. Beim Tamaqua Fire Department in Pennsylvania befand sich im Jahr 1994 die als Ladder 1 geführte Drehleiter auf diesem Fahrgestell im Bestand. Hierbei handelte es sich um eine Rear Mounted Ladder mit 100 ft (30,48 m) Steighöhe, die vom gleichen Hersteller geliefert wurde.

Verwendungszweck:	*Heavy Rescue Truck*
Fahrgestelltyp:	*Freightliner*
Baujahr:	*1986*
Leistung der Pumpe:	*250 gpm (946 l/min)*
Löschwasservorrat:	*300 gal (1136 l)*

Rescue Trucks, also Rüst- und Gerätewagen, gibt es in leichten Ausführungen und als sogenannte Heavy Rescues. Während die meist kleineren Rescue Trucks auf Pick-up- oder Lieferwagen entstehen, werden für die größeren Fahrzeuge Lkw-Fahrgestelle verwendet. Dieser vom Odessa Fire Department in Delaware beschaffte Heavy-Rescue-Truck wurde von der Firma Saulsbury Fire & Rescue Apparatus, dem Marktführer für Rüstwagen, auf einem Freightliner-Haubenfahrgestell aufgebaut. Neben der umfangreichen technischen Ausrüstung, wie z. B. Stromerzeuger, Hebegeräte, verschiedene Spreizer, Atemschutzgeräte und Beleuchtungseinrichtungen, besitzt das innen begehbare Fahrzeug eine Feuerlöschkreiselpumpe mit einem Löschwassertank. Dadurch kann ein selbstständiger Löschangriff, beispielsweise bei Fahrzeugbränden, durchgeführt werden.

Verwendungszweck:	*Rescue Engine*
Fahrgestelltyp:	*Mack R 600*
Baujahr:	*1976*
Leistung der Pumpe:	*1500 gpm (5678 l/min)*
Löschwasservorrat:	*500 gal (1893 l)*

Dieser als Rescue Engine 16-4 bezeichnete Pumper der Gendale Hose Company Nr. 1 im Scott Township in Pennsylvania entstand aus einem bereits 1976 gebauten Fahrzeug. Der Umbau entstand aus dem Bestreben, die Lebensdauer des Fahrzeuge zu verlängern und Kosten zu sparen. Im Jahr 1994 wurde der Aufbau dieses Fahrzeugs von E-One komplett saniert und im Zuge eines Totalumbaus neu aufgebaut und umgestaltet. Dabei wurde die Mannschaftskabine entgegen der üblichen Bauweise in den Aufbau verlegt. Neben zusätzlichen Ausrüstungsgegenständen für technische Hilfeleistungen ist das von einem 240 PS Dieselmotor angetriebene Fahrzeug mit einem Dachmonitor bestückt.

Verwendungszweck:	*Rescue Engine*
Fahrgestelltyp:	*International Loadstar 1700 (4 x 4)*
Baujahr:	*1977*
Leistung der Pumpe:	*1000 gpm (3785 l/min)*
Löschwasservorrat:	*400 l gal (1514 l)*

Beim Scottdale Fire Department in Pennsylvania zählte dieser mit Ausrüstung für technische Hilfeleistung versehene Pumper im Jahr 1995 zum Fahrzeugbestand. Dieses als Rescue Engine 58-3 geführte, sehr kompakte, mit einer Vorbauseilwinde ausgerüstete Fahrzeug entstand auf einem International Hauben-Allradfahrgestell durch den Aufbauhersteller Hamerly. Midshippumpe, Schnellangriffshaspel und mehrere Flutlichtscheinwerfer sind einige äußerlich erkennbare Ausrüstungsmerkmale.

Verwendungszweck:	*Rapid Intervention Vehicle RIV*
Fahrgestelltyp:	*GMC 2500 (4 x 4)*
Baujahr:	*1994*
Leistung der Pumpe:	*–*
Löschwasservorrat:	*–*

Ein leichtes GMC-Allradhaubenfahrgestell war die Basis-
plattform für dieses Rapid Intervention Vehicle RIV 1 des
Rhode Island-Regionalflughafens T. F. Green State Airport
Fire Departments in Warwick. An der Erstellung des Geräte-
aufbaus und der löschtechnischen Ausrüstung waren die
Firmen E-One und Fire-Combat die ausführenden Organe.
Midshippumpe, Schnellangriffshaspel und Frontmonitor
sind die wichtigsten Merkmale dieses mit 500 lbs. (227 kg)
Löschpulver beladenen Fahrzeugs.

Verwendungszweck:	*Foam-Pumper*
Fahrgestelltyp:	*Volvo-White*
Baujahr:	*1990*
Leistung der Pumpe:	*1500 gpm (5678 l/min)*
Löschwasservorrat:	*–*

Beim Fairfax City Volunteer Fire Department in Virginia steht dieser große Volvo-White Foam Pumper 3 im Einsatz. Der Aufbau auf diesem Dreiachsfahrgestell wurde von der Firma Chubb-National Foam Inc. aus Lionville/Pennsylvania vorgenommen. Das Fahrzeug ist mit 1500 gal (5678 l) Schaummittel beladen und verfügt über eine mittig installierte Feuerlöschkreiselpumpe. Da das Fahrzeug keinen Wassertank hat, ist sein Einsatz nur durch Wasserzuspeisung aus dem Hydrantennetz oder in Verbindung mit anderen Pumpern möglich.

Verwendungszweck:	*Special-Pumper*
Fahrgestelltyp:	*American LaFrance ALF Century*
Baujahr:	*1983*
Leistung der Pumpe:	*1500 gpm (5678 l/min)*
Löschwasservorrat:	*500 gal (1893 l)*

Beim Fire Department Newport im Bundesstaat Oregon konnte im Jahr 1997 die auf einem American LaFrance Century-Dreiachsfahrgestell aufgebaute Engine 14 fotografiert werden. Dieser von American LaFrance komplett erstellte Pumper ist neben einem Löschwasservorrat mit einer 3000-lbs (1361 kg) Pulverlöschanlage ausgerüstet. Das Fahrzeug besitzt eine Midshippumpe, mehrere Monitore und Schnellangriffshaspeln. Es wurde hauptsächlich deshalb beschafft, weil das Newport Fire Department auch für den Feuerschutz eines kleinen Regionalflugplatzes zuständig ist.

🇨🇦 KANADA

Die Beschaffenheit der Feuerwehrfahrzeuge und die Organisation des Feuerwehrwesens in Kanada werden stark von den USA beeinflusst. Einige große US-Hersteller wie American LaFrance und Seagrave begannen schon früh, den kanadischen Markt zu entdecken und gründeten Niederlassungen. Eine eigenständige Feuerwehrgeräteindustrie begann sich wegen der geringen Bevölkerungsdichte des Landes nur sehr zögerlich zu entwickeln. Die ersten einheimischen Feuerwehrfahrzeughersteller waren die Bickle Fire Engine Ltd. (später Bickle-Seagrave) aus Woodstock/Ontario und die Pierre Thibault Ltd. aus Pierreville im Bundesstaat Quebec. Letzterer war es auch, der im Jahr 1918 das erste kanadische Löschfahrzeug baute und bald zum Marktführer des Landes aufsteigen konnte. Dieser mit Abstand bedeutendste kanadische Feuerwehrausrüster beendete die Fertigung im Jahr 1989. Seither wird die Arbeit durch die neugegründete Carl Thibault Fire Trucks Inc. fortgeführt.

Währungsschwankungen zwischen US- und Kanada-Dollar sowie steuerliche Einflüsse übten zeitweise einen starken Einfluss auf den Verkauf von US-amerikanischen Feuerwehrfahrzeugen in Kanada aus. Das begünstigte die Ausweitung der eigenen Feuerwehrausrüstungsindustrie im Lande. Auf dem Sektor der Hubrettungsfahrzeuge konnte der deutsche Hersteller Magirus mit konventionellen Drehleitern bis zum Beginn der 1960er Jahre ebenso wie der finnische Lieferant Bronto Skylift bei den kanadischen Feuerwehren gute Verkaufserfolge erzielen.

Bei den nachfolgend angegebenen Pumpleistungen und Löschmittelkapazitäten ist zu beachten, dass diese in Kanada teilweise in den englischen Maßen Imperial Gallons (4,546 l) ausgewiesen sind.

Verwendungszweck:	*Pumper*
Fahrgestelltyp:	*Freightliner FLL*
Baujahr:	*1989*
Leistung der Pumpe:	*2000 gpm (7570 l/min)*
Löschwasservorrat:	*800 gal (3636,8 l)*

Ein Freightliner-Fahrgestell zur Basis hat die Pompe 219 des Service d'Incendie Ville de Montréal in der Provinz Québec. In dieser überwiegend von Einwanderern französischer Abstammung bewohnten Provinz ist seit 1977 Französisch die Amtssprache. Der Aufbau dieses zusätzlich mit 100 gal (379 l) Schaummittel beladenen Löschfahrzeugs erfolgte durch den zwischen 1985 und 1992 tätigen Hersteller Phoenix Fire Apparatus in Drummondville.

Verwendungszweck:	*Pumper*
Fahrgestelltyp:	*Spartan Monarch*
Baujahr:	*1989*
Leistung der Pumpe:	*1750 gpm (6624 l/min)*
Löschwasservorrat:	*300 gal (1363,8 l)*

Das Burnaby Fire Department in der Provinz British Columbia
wählte für den Bau eines im Jahr 1989 neu zu beschaffen-
den Pumpers ein Spartan Fahrgestell, das der Feuerwehrausrüster Pierre Thibault zu der hier abgebildeten Engine 5
aufbaute. Hier gelangte eine Custom-Cab sowie eine Midshippumpe zur Verwendung. Der rückwärtige Teil des Aufbaus ist mit Rolladenverschlüssen ausgerüstet. Diese Bauweise
ist mittlerweile bei vielen der neueren kanadischen Feuerwehrfahrzeuge üblich. Oberhalb des Pumpenbedienstan-
des befindet sich ein Dachmonitor.

Verwendungszweck:	*Pumper*
Fahrgestelltyp:	*Amertek CM 1*
Baujahr:	*1985*
Leistung der Pumpe:	*1750 gpm (6624 l/min)*
Löschwasservorrat:	*250 gal (1136,5 l)*

Beim Burnaby Fire & Rescue Department in British Columbia wurde dieser von der in Woodstock, Ontario, ansässigen Firma Amertek Inc. aufgebaute Pumper als Engine 25 geführt. Verwendet wurde für dieses mit Midshippumpe und in der Mitte des Aufbaus vorhandener Schnellangriffs- haspel ein Amertek-Frontlenker-Chassis mit geräumiger Custom-Cab. Die Firma Amertec stellte lediglich für die Dauer von acht Jahren Feuerwehrfahrzeuge her.

 **Kanada**

Verwendungszweck:	*Ladder 100 ft MM*
Fahrgestelltyp:	*Spartan*
Baujahr:	*1981*
Leistung der Pumpe:	–
Leistung der Pumpe:	–

Die Échelle 13 des Service d'Incendie Longueuil/Québec ist von Thibault auf einem Spartan-Frontlenkerfahrgestell aufgebaut worden. Die 30-m-Leiter ist in der Rear Mounted-Bauweise mit nach vorn abgelegtem Leiterpark gehalten.

Verwendungszweck:	*Snorkel*
Fahrgestelltyp:	*Mack R*
Baujahr:	*1986*
Leistung der Pumpe:	*1250 gpm (4731 l/min)*
Löschwasservorrat:	*–*

Recht beeindruckend in den Ausmaßen ist diese von Simon auf einem Mack-R-Dreiachshaubenchassis für das North Vancouver District Fire Department in British Columbia aufgebaute Gelenkmastbühne Simon Snorkel SS 300 mit 103 ft (31,40 m) Arbeitshöhe. Die Karosserieaufbauten und die Midshippumpe erstellte und lieferte der seit 1959 in der Branche tätige Feuerwehrausrüster HUB Fire Engines & Equipment Ltd. in Abbotsford. Das Chassis verfügt über einen 325 PS starken Achtzylinder-V-Diesel mit 14 174 ccm Hubraum.

Verwendungszweck:	*Crash Fire Rescue Vehicle CFR*
Fahrgestelltyp:	*American LaFrance, ALF 900 (6 x6)*
Baujahr:	*1960*
Leistung der Pumpe:	*750 gpm (2839 l/min)*
Löschwasservorrat:	*1000 gal (3785 l)*

Dieses etwas ältere, unter der Bezeichnung CFR 5 eingeordnete und von dem Feuerwehrausrüster American LaFrance aufgebaute Crash Fire Rescue Vehicle befand sich 1997 noch im Einsatzbestand des Fire Departments des Vancouver International Airports. Dieser optimal gepflegte allradgetriebene ALF-Dreiachser ist zusätzlich zum Löschwasser mit 165 gal (750 l) AFFF-Löschmittel, dem Schaummittel Aquaeus Film Foaming Form, beladen. In der Zwischenzeit ist dieses CFR zum Museumsfahrzeug geworden.

Verwendungszweck:	*Crash Fire Rescue Vehicle CFR*
Fahrgestelltyp:	*Timoney-Titan HPR (8 x 8)*
Baujahr:	*1996*
Leistung der Pumpe:	*1500 gal (5678 l/min)*
Löschwasservorrat:	*2500 gal (11 365 l)*

Fast brandneu war dieses große Flugplatzlöschfahrzeug (Crash Fire Rescue Vehicle) CFR 2 der Flughafenfeuerwehr des Vancouver International Airport, als es im Jahr 1997 fotografiert wurde. Als Basisplattform diente ein vierachsiges Timoney-Titan-HPR (High Performance Rescue)-Allradfahrgestell. Mit der neben einem stattlichen Wasservorrat mitgeführten, aus 320 gal (1211 l) Schaummittel und 500 lbs. (227 kg) Löschpulver bestehenden löschtechnischen Beladung können alle auf einem großen Verkehrsflughafen bestehenden Brandrisiken abgedeckt werden.

TF 597

مطار الشارقة الدولي

⬤ TÜRKEI

Schon seit Beginn des 20. Jahrhunderts entwickelten sich sehr positive Geschäftsbeziehungen zwischen der Türkei und der deutschen Feuerwehrgeräteindustrie. So konnte Magirus im Jahr 1933 ihre erste Drehleiter ausliefern und 1938 folgte Metz mit einer DL 30 + 2 für die Feuerwehr Ankara. Schon bald nach Kriegsende bestellten türkische Feuerwehren wieder deutsche Fahrzeuge.

Im Jahr 1949 durfte Metz einen Auftrag über sieben TLF 15 mit offenliegendem Pumpenstand am Heck und unverkleidetem Wassertank für die Feuerwehr der türkischen Hauptstadt Ankara ausführen. Diese Fahrzeuge besaßen Staffelfahrerhäuser und waren auf Mercedes-Benz-L 701-Fahrgestellen (Opel-Blitz-3-Tonner) erstellt. Vorn unterhalb der Stoßstangen besaßen sie Wassersprengeinrichtungen, damit sie auch als Straßensprengwagen eingesetzt werden konnten. Der Löschwasservorrat betrug 2400 l, die Pumpenleistung 1500 l/min. Die auf der rechten Fahrerhausseite angebrachte Glocke war damals noch in vielen Ländern als zusätzliches Signalmittel weit verbreitet. Diese auf dem Metz-Werksgelände im August 1949 entstandene Gruppenaufnahme zeigt die Fahrzeuge vor der Auslieferung.

Verwendungszweck:	Tanklöschfahrzeug
Fahrgestelltyp:	Ford-Otosan D 1210
Baujahr:	1983
Leistung der Pumpe:	1600 l/min
Löschwasservorrat:	5000 l

Dieses Tanklöschfahrzeug gehörte im Jahr 2000 zum Bestand der türkischen Feuerwehr Antalya. Es war mit einer Trupp-kabine für drei Einsatzkräfte auf einem in der Türkei in Lizenz gefertigten Ford-Fahrgestell von dem Aufbauhersteller EGE ausgeführt. Vorn auf dem Aufbaudach ist ein Schaum-Wasserwerfer für Handbetätigung installiert. Neben seinem Löschwasservorrat befinden sich 500 l Schaummittel auf dem Fahrzeug.

Türkei

Verwendungszweck:	*Waldbrandlöschfahrzeug*
Fahrgestelltyp:	*Renault M 210 (4 x 4)*
Baujahr:	*1999*
Leistung der Pumpe:	*2800 l/min*
Löschwasservorrat:	*3000 l*

Dieses Waldbrand-Tanklöschfahrzeug mit Allradantrieb befindet sich bei der Forstbehörde im Raum Antalya unter der Bezeichnung A 4 im Einsatz. Feuerlöschkreiselpumpe mit Zumischer sowie möglicherweise auch der feuerwehrtechnische Aufbau stammen von der deutschen Firma Ziegler in Giengen. Das mit einem Gestänge an der Kabine als Schutz gegen Äste ausgerüstete Modell besitzt eine Vorbauseilwinde und zwei Schnellangriffshaspeln am Heck. Neben dem Löschwasserbehälter ist ein 300-l-Schaummitteltank vorhanden.

Verwendungszweck:	*Drehleiter-Tanklöschfahrzeug 18 m*
Fahrgestelltyp:	*Fatih-BMC C 200-26*
Baujahr:	*1994*
Leistung der Pumpe:	*1600 l/min*
Löschwasservorrat:	*10 000 l*

Recht verbreitet ist bei türkischen Feuerwehren der Typ des oftmals mit einem zusätzlichen Schaummitteltank bestückten Drehleiter-Tanklöschfahrzeugs. Dieses auf einem schweren dreiachsigen Fatih-BMC aufgebaute Modell ist mit einem 600 l fassenden Schaumtank und einer hydraulischen 18-m-Drehleiter ausgerüstet, die von dem türkischen Hersteller Katmerciler stammt. Der dreiteilige, nach vorne hin abgelegte Leitersatz ruht auf einem im rückwärtigen Teil des Aufbaus montierten Leiterstuhl.

Verwendungszweck:	*Drehleiter-Tanklöschfahrzeug 18 m*
Fahrgestelltyp:	*Ford-Otosan Cargo 2014*
Baujahr:	*2000*
Leistung der Pumpe:	*1600 l/min*
Löschwasservorrat:	*9000 l*

Die Feuerwehr der am Mittelmeer liegenden Stadt Side verfügt über dieses Drehleiter-Tanklöschfahrzeug, das zum
Zeitpunkt der Aufnahme gerade erst in Dienst gestellt worden war. Im Gegensatz zum Fahrzeug auf der vorherigen
Seite ist die von dem türkischen Hersteller Pisirgen auf
einem dreiachsigen Ford-Fahrgestell erstellte hydraulische
18-m-Drehleiter mit einem Rettungskorb und Schrägabstüt-
zungen ausgerüstet. In diesem Fall ist ein 500-l-Schaummit-
teltank vorhanden.

Verwendungszweck: *Teleskopgelenkmastbühne TMB*
Fahrgestelltyp: *MAN 26.321 DF*
Baujahr: *1996*
Leistung der Pumpe: –
Löschwasservorrat: –

Auf einem schweren MAN-Dreiachsfahrgestell mit 26 t zulässigem Gesamtgewicht und 321 PS starkem Antriebsaggregat montierte der Gelenkmasthersteller Bronto diese gewaltige Teleskopgelenkmastbühne vom Typ Skylift F 54 HDT 2000 mit 54 m Arbeitshöhe für die Feuerwehr Antalya. In Folge der in diesem stark frequentierten Urlaubszentrum neu errichteten Hotelhochhäuser muss diese mit einem 500-kg-Korb ausgerüstete Bühne für die Menschenrettung bei möglichen Brand- und anderen Notfällen vorgehalten werden.

ISRAEL

Modern ausgerüstet und schlagkräftig sind die Feuerwehren in Israel. Aufgrund des sehr heißen und trockenen Klimas in den Sommermonaten sind besonders Tanklöschfahrzeuge in den Fahrzeugbeständen der Wehren dieses Landes stark vertreten.

Verwendungszweck:	*Tanklöschfahrzeug*
Fahrgestelltyp:	*Magirus-Deutz (KHD)*
	256 D 19 A (4 x 4)
Baujahr:	*1983*
Leistung der Pumpe:	*2800 l/min*
Löschwasservorrat:	*5000 l*

Dieses auf einem Magirus-Deutz-Exportfahrgestell mit 19 t zulässigem Gesamtgewicht von einem inländischen Karosseriebetrieb aufgebaute Tanklöschfahrzeug ist mit zwei Schnellangriffseinrichtungen und Dachmonitor ausgerüstet. Es befindet sich im Besitz der Feuerwehr der am südlichsten Punkt Israels gelegenen Hafenstadt Elat. Das aufgrund des Wüstenklimas mit Spezialluftfiltern versehene Fahrzeug verfügt über einen 256 PS starken V-Achtzylinder-Direkteinspritz-Dieselmotor mit Luftkühlung und 12 763 ccm Hubraum.

Verwendungszweck:	*Rüstwagen mit Kran*
Fahrgestelltyp:	*Mercedes-Benz LAF 1113 B (4 x 4)*
Baujahr:	*1976*
Leistung der Pumpe:	*–*
Löschwasservorrat:	*–*

Auf einem Mercedes-Benz-Kurzhauber-Fahrgestell mit abschaltbarem Allradantrieb entstand dieser mit einem hydraulischen Ladekran am Heck und mit Seilwinde ausgerüstete Rüstwagen der Feuerwehr Elat. In dem geräumigen Kofferaufbau werden Werkzeuge und Geräte für viele Arten der technischen Hilfeleistung mitgeführt. Der Fahrzeugantrieb erfolgt durch einen Sechszylinder-Diesel mit 130 PS.

Die Vereinigten Arabischen Emirate haben mehrere internationale Flughäfen, wobei der von Dubai der am stärksten frequentierte ist. Die Feuerwehren verfügen über eine dem neuesten Stand der Technik entsprechende Ausrüstung. Da in diesen Breiten ein tropisch heißes Wüstenklima herrscht und man auf keine nennenswerten Wasserreserven zurückgreifen kann, sind Tanklöschfahrzeuge mit großen Kapazitäten sehr bedeutsam.

Dieses Flugplatzlöschfahrzeug FLF, Baujahr 1992, auf einem Reynolds Boughton Barradcuda-Fahrgestell hat ein zulässiges Gesamtgewicht von 29,3 t und wurde von der Firma Major Foam Appliance (M.F.A.) erstellt. Neben Löschwasser verfügt dieses dreiachsige Fahrzeug über einen 1200-l-Schaummittelbehälter. Die Godiva-Feuerlöschkreiselpumpe mit Zumischer vom Typ GVB 6500 erbringt eine Leistung von 7200 l/min. Mit dem fernsteuerbaren Chubb-FB-Dachmonitor lässt sich ein Ausstoß von 4500 l/min erzielen. Der Löschwasservorrat beträgt 9700 l. Eine im Aufbau eingelassene Leiter vom Typ Sky King 36 mit 10,97 m Länge und 136 kg Belastbarkeit ergänzt die Ausrüstung.

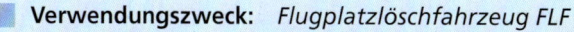

Verwendungszweck: *Flugplatzlöschfahrzeug FLF*
Fahrgestelltyp: *Thornycroft Nubian Major (6 x 6)*
Baujahr: *1976*
Leistung der Pumpe: *5500 l/min*
Löschwasservorrat: *6525 l*

Im Februar 1998 wurde auch dieses zwar etwas ältere, aber optimal gepflegte, von Major Foam Appliance aufgebaute Flugplatzlöschfahrzeug bei der Flughafenfeuerwehr in Sharjah noch aktiv eingesetzt. Das zusätzlich mit 500 l Schaummittel beladene Fahrzeug verfügt über einen Monitor mit einer Leistung von 3600 l/min. Die Godiva-Pumpe ist mit einem Zumischer ausgerüstet. Das allradgetriebene Thornycroft-Dreiachsfahrgestell besitzt ein Automatikgetriebe und als Antriebseinheit einen Sechszylinder-Cummins-Diesel mit 300 PS.

Verwendungszweck: *Teleskopgelenkmastbühne TMB*
Fahrgestelltyp: *Mercedes-Benz 3538 (8 x 8)*
Baujahr: *1997*
Leistung der Pumpe: –
Löschwasservorrat: –

Bei der Feuerwehr Sharjah wurde diese Teleskopgelenkmastbühne des Typs Bronto Skylift F 54 HDT mit 54 m
Arbeitshöhe eingesetzt. Der Aufbau erfolgte auf ein
schweres vierachsiges Allradfahrgestell von Mercedes-
Benz, das über einen Dieselmotor mit 381 PS verfügt. Für
die Menschenrettung in den zahlreichen Hochbauten ist
eine solche Gelenkbühne unerlässlich. Der Arbeitskorb ist
für eine Belastung von 500 kg eingerichtet.

Verwendungszweck:	*Wasserzubringerfahrzeug*
Fahrgestelltyp:	*GMC Brigadier*
Baujahr:	*1990*
Leistung der Pumpe:	*–*
Löschwasservorrat:	*24 000 l*

Ein Wasserzubringerfahrzeug in Sattelschlepperbauweise gehörte im Jahr 2001 zum Fahrzeugbestand der Feuerwehr Dubai. Für die Fortbewegung der dreiachsigen US-amerikanischen GMC-Zugmaschine ist ein großvolumiger V-Achtzylinder-Vergasermotor mit 320 PS zuständig. Auf dem zweiachsigen Sattelauflieger befindet sich eine kleine Befüllpumpe.

NEPAL

Verwendungszweck:	*Flugplatzlöschfahrzeug FLF*
Fahrgestelltyp:	*Gloster Saro Protector (6 x 6)*
Baujahr:	*1982*
Leistung der Pumpe:	*6000 l/min*
Löschwasservorrat:	*9500 l*

Über die Feuerwehren des zwischen Indien und China im südlichen Himalaja gelegenen Königreichs Nepal sind kaum Informationen erhältlich. Auch hier ist man bei sämtlichen Einsatzfahrzeugen auf Einfuhren angewiesen. Auf dem Internationalen Verkehrsflughafen der nepalesischen Hauptstadt Katmandu konnte beim Civil Aviation Fire Service Nepal dieser Crash Fire Truck (CFR) im Jahr 1997 fotografiert werden. Dieses auf einem dreiachsigen Simon/Gloster Saro Protector erstellte Fahrzeug besitzt ein Automatikgetriebe und verfügt über einen V-16-Zylinder-600-PS-Diesel. Neben dem Löschwasservorrat ist ein 1150 l Schaummittelbehälter vorhanden.

THAILAND

Verwendungszweck: *Großtanklöschfahrzeug GTLF*
Fahrgestelltyp: *Nissan Big Thumb 6*
Baujahr: *1993*
Leistung der Pumpe: *–*
Löschwasservorrat: *10 000 l*

Dieses auf einem Nissan-Dreiachs-Frontlenkerfahrgestell aufgebaute Großtanklöschfahrzeug ist bei der Berufsfeuerwehr Bangkok stationiert. Das verwendete Nissan-Fahrgestell vom Typ Big Thumb 6 wird bereits seit Beginn der 1980er Jahre in großen Stückzahlen erfolgreich produziert und ist mit einem Sechszylinder-Diesel mit 300 PS ausgerüstet. Dieses Tanklöschfahrzeug besitzt das reguläre Standard-Lkw-Fahrerhaus und ist nur mit einer am Heck angeordneten Tragkraftspritze als Befüllpumpe ausgerüstet.

Verwendungszweck:	_Flugplatzlöschfahrzeug FLF_
Fahrgestelltyp:	_Kronenburg (6 x 6)_
Baujahr:	_1983_
Leistung der Pumpe:	_2800 l/min_
Löschwasservorrat:	_6000 l_

Dieses schöne Flugplatzlöschfahrzeug von Kronenburg zählt ebenfalls zu den Einsatzfahrzeugen der Flughafenfeuer-wehr, die auf Bangkoks Internationalem Verkehrsflughafen stationiert sind. Auf dem dreiachsigen, von einem 330-PS-V-Achtzylinder-Dieselmotor angetriebenen Fahrgestell sind Löschwasser, 1200 l Schaummittel, eine Feuerlöschkreisel-pumpe mit Zumischer und ein Dachmonitor verlastet.

Verwendungszweck:	*Flugplatzlöschfahrzeug FLF*
Fahrgestelltyp:	*Chubb Protector*
Baujahr:	*1987*
Leistung der Pumpe:	*9000 l/min*
Löschwasservorrat:	*9000 l*

Ein weiteres Einsatzfahrzeug auf Bangkoks Flughafen ist dieses von der britischen Firma Chubb Fire Security Ltd. erstellte Flugplatzlöschfahrzeug Nr. 3. Es verfügt über einen leistungsfähigen Dachmonitor, der von der Kabine aus ferngesteuert wird, über eine in den Aufbau eingelassene Leiter mit 12 m Steighöhe und einen starken Rammschutz vor der Fahrzeugfront, um notfalls auch im unbefestigten Gelände außerhalb des Flughafens operieren zu können. Neben dem Löschwasservorrat befinden sich 1100 l Schaummittel an Bord.

CHINA

China, das flächenmäßig einen Großteil Ostasiens einnimmt, grenzt an 14 Länder. In diesem lange Zeit ausländischen Besuchern weitgehend verschlossenen Land lebt ein Fünftel der Weltbevölkerung. China ist nach wie vor ein Land der Gegensätze. So sind wirtschaftlich stark entwickelte Gebiete mit modernsten Industrieanlagen ebenso zu finden wie Regionen mit kleinen Dörfern oder Siedlungen, an denen die letzten Jahrzehnte spurlos vorübergegangen sind. Lange Zeit gelangten nur spärliche Informationen über die Feuerwehren des Landes nach außen. Auch heute noch gehört die Feuerwehr zum Sicherheitsbereich und untersteht dem Militär. Dementsprechend straff sind zumindest die Berufsfeuerwehren in diesem Land organisiert. Daneben ergänzen die flächendeckend vorhandenen freiwilligen Feuerwehren mit der für westliche Verhältnisse geradezu imposanten Mitgliederzahl von weit über 10 Millionen Menschen sowie Werks- und Betriebsfeuerwehren den landesweiten Feuerschutz.

In den letzten Jahrzehnten hat sich nicht nur eine umfangreiche Nutzfahrzeug-, sondern auch eine Feuerwehrgeräteindustrie entwickelt. Weit mehr als 20 Unternehmen stehen unter Kontrolle der China Fire Fighting Protection and Fire Fighting Equipment Corporation mit Sitz in Peking. Die heimische Industrie ist in der Lage, den Fahrzeugbedarf der Feuerwehren bis auf verschiedene Spezialfahrzeuge, die weiterhin importiert werden müssen, zu decken. Das Standardfahrzeug in der Volksrepublik China ist ein Tanklöschfahrzeug auf Jie-Fang-Fahrgestell, einem Nachbau des sowjetischen ZIL 164, dem wiederum das K-Modell von International Harvester zu Grunde lag. Die Aufbauten werden ebenfalls im Lande hergestellt. Hinzu kommen aus eigener Fertigung größere Löschfahrzeuge mit integriertem Schaummitteltank und größerem Wasservorrat, Drehleitern und einige wenige Sonderkonstruktionen. Größere Wehren verfügen auch über Gelenkmastbühnen und verschiedene andere Sonderfahrzeuge.

Verwendungszweck:	*Tanklöschfahrzeug*
Fahrgestelltyp:	*Jie-Fang Typ CA 102*
Baujahr:	*1975*
Leistung der Pumpe:	*1600 l/min*
Löschwasservorrat:	*2400 l*

Wohl in Tausenden von Exemplaren steht auch heute noch, besonders bei den unzähligen freiwilligen Feuerwehren, das auf dem bewährten Jie-Fang-Fahrgestell von landeseigenen Feuerwehrausrüstern aufgebaute Standard-Tanklöschfahrzeug seinen Mann. Diese überaus robusten und einfach zu wartenden Fahrzeuge mit 4 t Nutzlast verfügen über einen Sechszylinder-Vergasermotor mit 95 PS. Sie sind mit einer großen Fahrer- und Mannschaftskabine, Mitteneinbaupumpe und Löschwasserbehälter ausgerüstet. Hier ein Fahrzeug, das dem Fotografen in den 1980er Jahren in Peking vor die Linse geriet.

Verwendungszweck:	*Universallöschfahrzeug ULF*
Fahrgestelltyp:	*Steyr 26 3/28 P 43 (6 x 4)*
Baujahr:	*1990*
Leistung der Pumpe:	*6000 l/min*
Löschwasservorrat:	*9000 l*

Dieses Universallöschfahrzeug lieferte die österreichische Firma Rosenbauer im Jahr 1990 nach China, wo es im Rahmen der Werksfeuerwehr eines größeren Industriebetriebs zum Einsatz kommen sollte. Der Aufbau des neben Löschwasser mit 1000 l Schaummittelkonzentrat und einer mit 1000 kg BC-Pulver bestückten Löschanlage ausgerüsteten Fahrzeugs erfolgte auf einem schweren dreiachsigen Steyr-Frontlenker-Fahrgestell mit 280 PS Motorleistung. Eine Feuerlöschkreiselpumpe mit Zumischsystem, zwei Schnellangriffseinrichtungen mit Schwerschaumrohr für die Wasser-Schaumabgabe sowie ein auf dem Fahrzeugdach angeordneter Wasser-/Schaumwerfer, der mittels Pistolenhandgriff aus der Kabine bedient werden konnte, waren vorhanden. Für den Pulver-Löschangriff standen ein manueller Pulvermonitor und zwei Schnellangriffseinrichtungen zur Verfügung.

Verwendungszweck:	*Schaumlöschfahrzeug*
Fahrgestelltyp:	*Mercedes-Benz 2636 A 41 (6 x 6)*
Baujahr:	*1986*
Leistung der Pumpe:	*6000 l/min*
Löschwasservorrat:	*6000 l*

Für den Feuerschutz in Raffinerieanlagen lieferte die Firma Albert Ziegler in Giengen das Schaumlöschfahrzeug vom Typ Preventer an eine Werksfeuerwehr in der Volksrepublik China. Aufgebaut wurde das Fahrzeug auf ein 28-t-Mercedes-Benz-Dreiachs-Allradfahrgestell mit Standard-Fahrerkabine und einem wassergekühlten V-Zehnzylinder-Dieselmotor mit 355 PS. Im Heck befindet sich die Feuerlöschkreiselpumpe mit Zumischeinrichtung. Neben dem Löschwasserbehälter befinden sich 6000 l Schaummittel auf dem Fahrzeug. Diese Menge ist ausreichend, um 100 000 l Wasser bei 6 % Zumischung zu erzeugen. Die Schaummittelpumpe mit einer Leistung von 600 l/min wird durch einen separaten Dieselmotor angetrieben. Der Ziegler-Kombiwerfer besitzt eine Wurfweite von 75 m und kann von 2000 auf 4000 l/min Durchflussmenge umgestellt werden. Darüber hinaus ist eine Selbstschutzanlage eingebaut.

JAPAN

Die aus vier großen und 3000 kleineren Inseln bestehenden Japanischen Inseln bilden im Nordpazifik vor der ostasiatischen Küste ein Staatswesen mit großer Kulturtradition und Leistungskraft. Japan ist ein zwar stark von Ölimporten abhängiges, hoch industrialisiertes Land, in dem sich seit den 1920er Jahren eine zunächst aus Lizenzbauten bestehende, leistungsfähige Lastwagenindustrie etabliert hat. Dieser Produktionszweig besitzt vor allem auf den asiatischen und australischen Exportmärkten eine sehr große Bedeutung. Ebenso hat die Branche der Feuerwehrausrüster einen hohen Entwicklungsstand erreicht, und das Land besitzt die größte Feuerwehrfahrzeugindustrie in Asien. Sie macht die Feuerwehren des Landes weitgehend von Importen unabhängig. Die bereits 1907 gegründete Firma Morita ist das älteste und gleichzeitig bedeutendste japanische Unternehmen, das sich dem Bau von Feuerwehrfahrzeugen widmet. Morita stellt alle Arten von Feuerwehrfahrzeugen her, und die Drehleitern erreichen Höhen von bis zu 40 m. Weiterhin zählt auch die kurz NIKKI genannte Nihon Kikai Kogyo Company Ltd. mit Hauptsitz in Tokio zu den größten Herstellern von Feuerwehrfahrzeugaufbauten in diesem Land. Dieses Unternehmen errichtet Aufbauten auf Fahrgestellen von Hino, Mitsubishi, Nissan, Isuzu, Toyota und anderen. Es werden nicht nur nahezu sämtliche Formen von Löschfahrzeugen und Sondermodellen, sondern auch Drehleitern und Gelenkmastbühnen hergestellt. Da der Bau von Drehleitern in Japan erst zu Beginn der 1960er Jahre in größerem Umfang aufgenommen wurde, sind Hubrettungsfahrzeuge deutscher Herkunft nach wie vor verhältnismäßig häufig in den Fahrzeugbeständen der japanischen Feuerwehren vertreten.

Verwendungszweck: *Drehleiter DL 40,9 m*
Fahrgestelltyp: *Mitsubishi K 201*
Baujahr: *1975*
Leistung der Pumpe: *2270 l/min*
Löschwasservorrat: –

Diese von Morita auf einem Mitsubishi-Dreiachs-Niederrahmenfahrgestell errichtete Drehleiter ist bei der Feuerwehr Kawasaki stationiert und besitzt eine maximale Steighöhe von 40,90 m bei einem Aufrichtewinkel von 75°. Wie auch bei europäischen Konstruktionen befindet sich der Leiterstuhl über den Hinterachsen. Der fünfteilige Leiterpark ist mit einem Fahrstuhl ausgerüstet, der mit maximal 160 kg belastet werden kann. Da die vor der Vorderachse angeordnete Fahrerkabine tiefergelegt ist, konnte eine sehr niedrige Bauhöhe eingehalten werden. An der Leiterspitze befindet sich ein Monitor, der für eine Wasserabgabe von 1030 l/min eingerichtet ist. Eine Morita-Feuerlöschkreiselpumpe ME 7 mit 770 gpm (2914 l/min) Leistung ist mittig eingebaut. Das Fahrgestell wird von einem 210 PS starken V-Achtzylinder-Diesel angetrieben.

Verwendungszweck:	*Flugplatzlöschfahrzeug FLF*
Fahrgestelltyp:	*Morita MAF 125*
Baujahr:	*2000*
Leistung der Pumpe:	*6000 l/min*
Löschwasservorrat:	*12 500 l*

Die Flughafenfeuerwehr des Internationalen Verkehrsflughafens Nagoya verfügt über dieses Morita-Flugplatzlösch-
fahrzeug. Das auf einem Dreiachs-Allradchassis erstellte, sehr
kompakte Fahrzeug ist mit einem Automatikgetriebe ausgestattet und erreicht mit 100 km/h seine Höchstgeschwindigkeit. Neben Löschwasser besteht die Beladung aus 800 l
Schaummittelkonzentrat und 300 kg Löschpulver. Jeweils ein
Dach- und Frontmonitor sowie zwei Schnellangriffseinrichtungen sind für die Wasser-/Schaumabgabe zuständig, während ein Pulvermonitor und zwei weitere Schnellangriffseinrichtungen den Löschangriff mit Pulver ermöglichen.

Verwendungszweck:	*Flugplatzlöschfahrzeug FLF*
Fahrgestelltyp:	*MAN 36.1000 VFAEG (8 x 8)*
Baujahr:	*1998*
Leistung der Pumpe:	*7000 l/min*
Löschwasservorrat:	*12 500 l*

Dieser Kraftprotz ist mit einem V-Zwölfzylinder-MAN-Diesel-motor mit 1000 PS motorisiert. Weiterhin besitzt das Fahrzeug ein Renk-Automatikgetriebe, ABS und Differenzialsperren. Das Fahrzeug wiegt voll ausgerüstet 40 t und hat drei Mann Besatzung. Löschwasser, 800 l Schaummittel und eine 250-kg-Pulverlöschanlage sind die vorhandenen Löschmittel. Das heckseitig installierte Motorpumpenaggregat besteht aus einer mit 10 bar arbeitenden Normaldruckpumpe und einem separaten Pumpenmotor mit 340 PS. Das Foamatic-Schaum-zumischsystem lässt sich auf unterschiedliche Mischmengen einstellen. Der 6000-l/min-Dachmonitor hat eine Reichweite von maximal 80 m und ist fernsteuerbar. Der Frontwerfer besitzt eine Leistung von 800 l/min. Zwei Schnellangriffs-einrichtungen mit jeweils 45 m Hochdruckschlauch für die Abgabe von Wasser und Schaum sowie eine weitere mit 30 m für Pulver sorgen für die Ausbringung der Löschmittel.

AUSTRALIEN UND NEUSEELAND

AUSTRALIEN

Der Inselkontinent Australien ist das sechstgrößte Land der Erde und verfügt über heiße Wüsten im Landesinneren und ein tropisches oder mediterranes Klima an den Küsten. Anfangs wurden Australiens Feuerwehrfahrzeuge sehr stark von britischen Vorbildern beeinflusst, wobei man weitgehend komplette Fahrzeuge importierte. Später ging man auch zu eigenen Entwürfen über, die den örtlichen Gegebenheiten besser gerecht wurden. Hubrettungsfahrzeuge werden nach wie vor fast ausschließlich importiert, wie die hier gezeigten, auf unterschiedlichen Vierachs-Fahrgestellen aufgebauten mächtigen Teleskopgelenkmastbühnen von Bronto, die von der New South Wales Fire Brigade in Sidney eingesetzt werden. Das links abgebildete Fahrzeug ist ein auf einem Kenworth L 700 A-Fahrgestell aufgebauter Bronto-Skylift 28-2 T 1 aus dem Jahr 1987 mit einer Arbeitshöhe von 28 m. Das große 8 x 4-Fahrzeug hat ein Automatikgetriebe sowie einen Cummins-Dieselmotor mit 300 PS, der für den nötigen Vortrieb sorgt. Podium und Geräteräume stammen aus der Hand des australischen Herstellers Perrie, während die mittig installierte 3400-l/min-Feuerlöschkreiselpumpe von dem britischen Fabrikanten Godiva geliefert wurde. Rechts daneben ist ein Bronto-Skylift 33-2 T 1, der ebenfalls in Zusammenarbeit mit der Firma Alexander Perrie entstand. Das 1991 auf einem Mercedes-Benz-2435-8 x 4-Fahrgestell mit 354 PS erstellte Fahrzeug kann bis zu einer Arbeitshöhe von maximal 33 m operieren.

Verwendungszweck:	Löschfahrzeug mit Gelenkarm, Pumper
Fahrgestelltyp:	International ACCO 2250 D
Baujahr:	1991
Leistung der Pumpe:	3750 l/min
Löschwasservorrat:	800 l

Dieser mit einem hydraulischen 15-m-Abbey-Skyjet SJ 50-Löscharm ausgerüstete Pumper der Feuerwehr Adelaide des South Australian Metropolitan Fire Service wurde 1991 von der Australian Fire Company auf einem in Australien hergestellten International ACCO-Fahrgestell realisiert. Das universell einsetzbare Fahrzeug ist mit einer großen Fahrer- und Mannschaftskabine, einer mittig installierten Darley-Feuerlöschkreiselpumpe SEH 1000 mit 1000 gpm Leistung, einem Löschwassertank und zwei Schnellangriffseinrichtungen ausgerüstet.

Australien

Verwendungszweck:	*Gelenkmastbühne GMB*
Fahrgestelltyp:	*International S 2670 (6 x 4)*
Baujahr:	*1991*
Leistung der Pumpe:	*–*
Löschwasservorrat:	*–*

Diese auf einem dreiachsigen International-Haubenfahrge-
stell errichtete Gelenkmastbühne des Abbey-Simon-Typs
Skymonitor SM 350/26 verfügt über eine Arbeitshöhe von
26 m und steht bei der Berufsfeuerwehr Adelaide, die zum
South Australian Metropolitan Fire Service gehört, im Dienst.
Diese Organisation ist für den Feuerwehr- und Rettungs-
dienst in der Großstadt Adelaide mit ihren Vororten sowie
einigen größeren Städten im Umkreis zuständig. Das Podium
sowie die für sechs Einsatzkräfte ausgebildete Kabine dieses
mit einem 350-PS-Cummins-Diesel ausgerüsteten Fahrzeugs
baute der mittlerweile nicht mehr tätige australische Hersteller Grummet.

Verwendungszweck:	*Löschfahrzeug, Pumper*
Fahrgestelltyp:	*International ACCO 1810 C*
Baujahr:	*1978*
Leistung der Pumpe:	*3400 l/min*
Löschwasservorrat:	*1800 l*

Das australische Tochterunternehmen des US-amerikanischen Lkw-Herstellers International Harvester brachte gegen Ende der 1960er Jahre auch eigenständige Lastwagenkonstruktionen hervor, die sich auch für Feuerwehraufbauten eigneten. Es handelte sich um die ACCO (Australian-C-Line-Cab-over)-Typen 1610, 1710 und 1810, die es sowohl mit Hinterrad- als auch mit Allradantrieb gab. Anfang der 1980er Jahre folgte der IH ACCO 1950 C als Super-Pumper mit Midshippumpe. Zwischen 1986 und 1987 ging bei den Feuerwehren die Epoche der ACCO-Modelle aus Kostengründen, vor allem aber wegen einer permanent schlechten Verarbeitung ziemlich aprupt zu Ende. Aufgrund der Unzuverlässigkeit durch häufige Ausfälle und Mehrkosten durch Reparaturarbeiten musste man sich um Ersatz bemühen. Dieser von dem Feuerwehrausrüster Alexander Perrie gefertigte International ACCO 1810 C-Frontlenker steht bei der New South Wales Fire Brigade im Einsatz. Das Fahrzeug verfügt über einen an die Fahrerkabine angesetzten Mannschaftsraum, eine Feuerlöschkreiselpumpe von Godiva und zwei Schnellangriffseinrichtungen.

NEUSEELAND

Nicht viel anders als auch in Australien verlief die Geschichte der neuseeländischen Feuerwehr, deren erste Ansätze gegen 1840 erkennbar waren. Unzulängliche Gerätschaften und ungenügend ausgebildete Bedienungsmannschaften standen einem nachhaltigen Feuerschutz im Weg. Zudem gehörten die meisten Handdruckspritzen den Versicherungsgesellschaften, die diese auch nur bei den jeweiligen Versicherungsnehmern zum Einsatz brachten. Erst in den 1860er Jahren, als von den Versicherungen unabhängige freiwillige Feuerwehren gegründet wurden, besserte sich die Situation. Neue Wasserleitungen in den Städten und eine verbesserte Ausrüstung optimierten den Brandschutz bis zur Jahrhundertwende spürbar. Ab 1906 erhielten die Feuerwehren der Städte Christchurch, Wellington und Auckland die ersten motorisierten Feuerwehrfahrzeuge. Im Jahr 1912 wurde Neuseelands erste Drehleiter, eine DL 27 von Braun/Nürnberg auf einem Elektrofahrgestell, für die Feuerwehr Auckland in Dienst gestellt. Während Drehleitern weiterhin eingeführt wurden, begann man in den 1930er Jahren mit der Fertigung landeseigener Feuerwehrfahrzeuge. Die bekanntesten Unternehmen wurden die bis 1983 in der Branche tätige Firma Wormald sowie der seit 1969 tätige Hersteller Mills-Tui, der sich allerdings unlängst ebenfalls aus diesem Bereich zurückziehen musste. Daneben gab es in der Vergangenheit noch einige kleinere Firmen, die sich mit Feuerwehraufbauten beschäftigten.

Das Land ist in sechs Brandschutzregionen unterteilt und wird fast ganz von dem New Zealand Fire Service als Zentralverwaltung betreut. So erfolgt die Beschaffung von Fahrzeugen und Geräten nicht durch die einzelnen Fire Brigades, sondern sie wird zentral vorgenommen. Hiermit ist eine größere Vereinheitlichung des Fahrzeugparks möglich sowie eine erhebliche Senkung der Einkaufskosten.

Verwendungszweck:	*Light Pump*
Fahrgestelltyp:	*Bedford J 2*
Baujahr:	*1961*
Leistung der Pumpe:	*2270 l/min*
Löschwasservorrat:	*900 l*

Dieses auf einem Bedford-Fahrgestell aufgebaute leichte Löschfahrzeug (Light Pump), stationiert bei der Feuerwehr Turakina im Rangitikii District Council, verfügt über eine Godiva-Heckpumpe sowie über zwei Schnellangriffshaspeln. Eine Tragkraftspritze ist in der Mitte des Aufbaus gelagert.

Neuseeland _____

Verwendungszweck:	*Heavy Pump*
Fahrgestelltyp:	*ERF 84 PF*
Baujahr:	*1971*
Leistung der Pumpe:	*2270 l/min*
Löschwasservorrat:	*1350 l*

Hier ein bei der neuseeländischen Feuerwehr als Heavy
Pump bezeichnetes Löschfahrzeug, das von der in Wellington
ansässigen Firma Wormald Ltd. auf ein britisches ERF-Front-
lenkerfahrgestell mit großer, aus Fiberglas erstellter Fahrer-
und Mannschaftskabine aufgebaut worden war. Das aufgrund der strukturellen Mängel dieser Kabinen mit einem
kräftigen Rammschutz, der sogenannten Bull Bar ausgeführte Fahrzeug war zuerst bei der Feuerwehr Christchurch
beheimatet und gelangte später an die Feuerwehr Kaikohe
im New Zealand Fire Service Ashburton. Neben einer im
Heck eingebauten Godiva-Feuerlöschkreiselpumpe waren
ein Löschwasserbehälter sowie zwei beidseitige Schnellangriffseinrichtungen vorhanden.

Verwendungszweck:	*Medium Compact Pump*
Fahrgestelltyp:	*International ACCO 1820 C*
Baujahr:	*1973*
Leistung der Pumpe:	*5675 l/min*
Löschwasservorrat:	*1350 l*

Der Feuerwehrausrüster Wormald erstellte diese bei der neuseeländischen Feuerwehr Waipukurau eingesetzte Medium Compact Pump auf einem International ACCO-Fahrgestell. Neben einer Fahrer- und Mannschaftskabine für sechs Personen ist das Fahrzeug mit einer Darley-Heckpumpe und zwei Schnellangriffseinrichtungen ausgerüstet.

Neuseeland

Verwendungszweck:	*Hydraulic Elevating Platform*
Fahrgestelltyp:	*Mack CF 685*
Baujahr:	*1984*
Leistung der Pumpe:	*5400 l/min*
Löschwasservorrat:	*1350 l*

Bei der Hamilton Fire Brigade befindet sich dieser Darley Teleskoplöscharm Typ Teleboom 50 (Hydraulik Elevating Platform) mit 17 m Arbeitshöhe im Einsatzdienst. Dieser bei den neuseeländischen Wehren unter der Typenbezeichnung 6/11 rangierende Fahrzeugtyp entstand durch Mills-Tui auf einem Mack-Frontlenkerfahrgestell. Neben einer Midshipeinbaupumpe von Darley befindet sich ein Wassertank im Geräteaufbau. Das weltweit häufig für Feuerwehraufbauten verwendete Fahrgestell ist mit einem Sechszylinder-Diesel mit 11 225 ccm Hubraum und 237 PS Motorleistung bestückt.

Verwendungszweck:	*Light 4 x 4 Pump*
Fahrgestelltyp:	*Bedford MK 3 (4 x 4)*
Baujahr:	*1979*
Leistung der Pumpe:	*2270 l/min*
Löschwasservorrat:	*3000 l*

Dieses auf einem Bedford-Frontlenker aufgebaute, als Light 4 x 4 Pump oder Rescue Pump bezeichnete Leichte Allrad-pumpfahrzeug wird in der Northland Area des New Zealand Fire Service eingesetzt. Das voll geländefähige, hauptsäch-lich für Forsteinsätze in ländlichen Regionen (Rural Task Force) verwendete Fahrzeug verfügt über eine nach hinten hin offene Canopy-Cab mit zwei Sitzplätzen für mitfah-rende Mannschaften sowie über eine Darley-Mitteneinbau-pumpe.

REGISTER

Register